AF493890

Ecole de Metz. Leçons et cours autographiés.
(Catalogue de M. Théod. Olivier, n° 528, S. 3.)

Leçons élémentaires

SUR

LA REPRÉSENTATION DES CORPS

donné aux ouvriers de Metz,

A l'Aide

D'UN SEUL PLAN DE PROJECTION

et de cotes de distance;

SUIVIES D'APPLICATIONS.

par Bardin

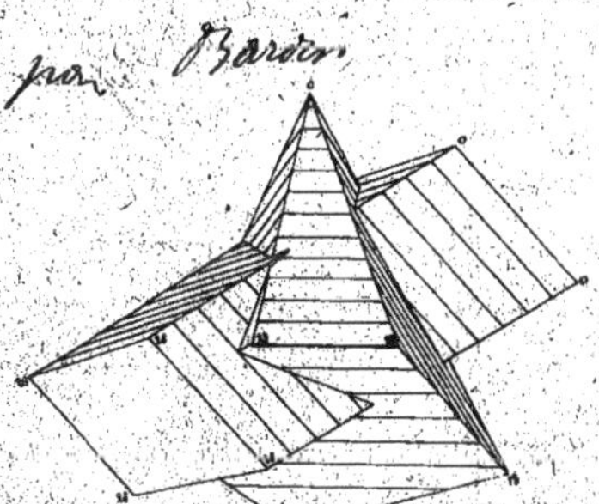

METZ, 1838.

Préparer au dessin de la fortification ;

Faire comprendre la représentation géométrique des formes du terrain ;

Amener à représenter facilement les corps à l'aide de deux projections ;

Mettre en état d'exécuter des levers de bâtiments et de machines ;

Enfin, donner quelques notions de dessin, basées sur les effets d'ombre et de lumière, et sur la perspective ;

Tel est le but que je me suis proposé en rédigeant ces leçons élémentaires de géométrie descriptive.

Bardin,

Professeur à l'école d'artillerie de Metz.

Notions

sur la représentation des grandeurs à l'aide d'un seul plan de projection et de cotes de distance.

Fig.(1). Polyèdre ou corps terminé par des plans. Il est représenté par imitation, c'est-à-dire, à l'aide des effets d'ombre et de lumière qu'on suppose être produits sur sa surface.

Les polygones plans abdc, abeg, bcd,...... sont les faces du polyèdre; leur ensemble forme sa surface; l'étendue limitée par cette surface est le volume du polyèdre.

Les droites ab, bc, cd, dc,...... qui résultent de la rencontre des faces entre elles, sont les arêtes du polyèdre. Les points a, b, c, d,...... par lesquels passent plusieurs arêtes ou plusieurs faces, sont les sommets.

Deux faces qui ont une arête commune, par exemple, les faces dbac, et cbag, comprennent entre elles un angle dièdre ou à deux faces. — Trois faces qui ont un sommet commun, par exemple, les faces dbac, dbc et cbag, comprennent entre elles un angle trièdre ou à trois faces...... — Les sommets du polyèdre appartiennent à des angles trièdres, tétraèdres, pentaèdres, hexaèdres, heptaèdres,...... selon que 3, 4, 5, 6, 7.... faces y concourent.

Les polyèdres se distinguent aussi entre eux par le nombre de leurs faces. On dit un tétraèdre, un pentaèdre, un hexaèdre, un heptaèdre, un octaèdre, un ennéaèdre, un décaèdre,........ selon que le corps a 4, 5, 6, 7, 8, 9, 10,.... faces.

(B)

Les arêtes, les faces, les angles et les surfaces des polyèdres, telles sont les grandeurs que nous nous proposons de représenter ici, parce qu'elles sont simples et faciles à comprendre.

Dans la figure (B), les nombres ou les *cotes* 18, 22, 25, 0 (zéro) ... qui sont écrites près des sommets du polyèdre, représentent les longueurs des perpendiculaires menées de ces sommets à un même plan fixe, et passant en dehors du polyèdre. Toutes sont mesurées avec une même unité de longueur, le millimètre, par exemple. — Ces perpendiculaires sont les *projetantes* des sommets, et leurs pieds en sont les *projections* — Le plan fixe, qui peut être un tableau, une feuille de papier, ou un mur, se nomme *plan de projection*. — S'il est horizontal, comme on le suppose le plus souvent, les cotes de distance 18, 22, 25..... deviennent des *cotes de hauteur*........

Les droites (18.22), (22.25), (25.32),..... qui passent par les pieds des projetantes de sommets réunis par des arêtes, sont les *projections* de ces arêtes. Le plan qui contient une arête, sa projection et les projetantes de ses extrémités, est le *trapèze projetant* de cette arête — Dans ce *trapèze rectangle*, l'arête forme l'*hypoténuse*, sa projection en est la *base*, et les projetantes en sont les *côtés*. Le trapèze peut toujours être tracé, car on connaît sa base et ses deux côtés........

Les polygones (18.22.32.36), (22.25.32),..... formés par les projections des arêtes, sont les *projections des faces* que ces arêtes comprennent entre elles sur le polyèdre...... — L'ensemble des projections des faces forme la *projection du polyèdre*.

Tout *point coté* représente et détermine un sommet unique *dans l'espace* ou *en relief* — Toute *droite cotée* représente une arête unique en relief — Tout *triangle coté* représente une face triangulaire unique en relief...... — Un polygone coté ne représente une face plane dans l'espace, qu'autant qu'il satisfait à certaines conditions. On ne peut pas à plus forte raison se donner au hasard la projection cotée d'un polyèdre....... &c.

On dit qu'un sommet est donné, qu'une droite est donnée, qu'une face est donnée, qu'un polyèdre est donné, lorsque la projection cotée de ce sommet, de cette arête, de cette face ou de ce polyèdre est donnée.

(B) 18 29 25 0 36 32 18 22

Le polyèdre qui donne pour projection la figure (B), représente des arêtes et des faces dont les projections se superposent, et parmi lesquelles il faut apprendre à reconnaître sur le dessin. — Les arêtes qui répondent au contour polygonal (18.29.25.22.18), et qui ne se superposent pas en projection, représentent en relief le contour du polyèdre par rapport au plan de projection qu'on a choisi.......

Tout sommet situé sur le contour ou au-dessus du contour, est un sommet vu {18, 36, 22,....} — Toute arête située sur le contour ou au-dessus du contour, est une arête vue {18.18, 18.36, 32.36 ....}; et toute arête vue est représentée par un trait continu — Toute arête située au-dessous du contour, est une arête cachée, et, comme telle, elle est représentée par un trait discontinu et à points ronds {22.29, 18.36,....} — Toute face située au-dessus du contour est une face vue (18.22.32.36) — Toute face située au-dessous du contour est une face cachée (18.22.0)..... — La projection d'un polyèdre quelconque se compose toujours de deux parties : d'une partie vue qui est tout entière au-dessus du contour, et d'une partie cachée qui se trouve au-dessous. Le contour est la séparation de la partie vue et de la partie cachée. — Par une différence dans le tracé de ces parties, on parvient à les distinguer facilement et à obtenir un simple trait qui fait image. ....

Les figures (C) représentent des arêtes séparées du polyèdre (B) auquel elles appartiennent – L'arête (18.18) est parallèle au plan de projection. – Un point tel que a, qui serait accompagné de deux cotes 5 et 11, représente une arête perpendiculaire au plan de projection.......

Les figures (D) représentent des faces du polyèdre (B) considérées séparément – Une face (b) dont les trois sommets auraient même cote (12) représenterait une face parallèle au plan de projection – Une autre (c) dont les cotes des sommets (11), (15), (23) seraient sur une même droite, représenterait une face perpendiculaire au plan de projection ......

Les figures (E) représentent des angles dièdres du polyèdre (B) considérés séparément – La distinction des parties vues et des parties cachées se déduit de la comparaison des cotes des sommets avec celles des arêtes des angles dièdres.

Les figures (F) représentent des angles polyèdres considérés abstraction faite du polyèdre (B) auquel ils appartiennent – L'un (a) a son sommet sur le contour ; un autre (b) l'a au-dessus ; un 3e (c) l'a au-dessous. (fig H.)

La figure (G) représente la partie vue et convexe du polyèdre (B), considérée séparément. La figure (H) en représente la partie cachée et concave......

Des grandeurs en relief comparées à leurs projections.

Toute arête en relief est plus grande que sa projection – Elle peut tout au plus lui être égale, et c'est dans le cas où elle est

AB, droite en relief
ab, sa projection.

parallèle au plan de projection — Lorsque ce plan est horizontal, la projection représente l'arête réduite à l'horizon.

Toute droite en relief, qui est divisée en un certain nombre de parties égales, ou de toute autre manière, a pour projection une droite divisée en un même nombre de parties égales, ou, généralement, en parties proportionnelles — On a évidemment, d'après une propriété connue de la géométrie plane

AM : am :: MN : mn :: NB : nb.....

On a aussi am : Mm' :: an : Nn' :: ab : Bb' ;

c'est-à-dire que l'on monte ou que l'on descend sur la droite en relief de quantités proportionnelles aux chemins que l'on parcourt............

Toute face en relief est plus grande que sa projection ; celle-ci est d'autant plus petite que la face est plus près d'être perpendiculaire au plan de projection. Dans ce dernier cas, elle se réduit à une droite — Dans le cas où la face est parallèle au plan de projection, la face en relief et sa projection sont égales — Si le plan de projection est horizontal, la projection représente la face réduite à l'horizon......

Tout angle en relief diffère de sa projection, excepté dans le cas où ses côtés sont parallèles au plan de projection. Il peut être plus grand ou plus petit que sa projection. Celle-ci peut diminuer jusqu'à devenir un angle de zéro degrés, comme elle peut augmenter jusqu'à devenir un angle de 180 degrés...........

Un angle droit ne peut avoir un autre angle droit pour projection, que dans le cas où l'un de ses côtés est parallèle au plan de projection — La projection cotée (9.9.15) représente un angle droit en relief.

Problêmes.

1. Trouver la vraie grandeur d'une arête donnée (6.13)

Elle est l'hypothénuse xy du trapèze projetant de la droite, trapèze qu'on peut tracer facilement, en prenant le millimètre, par exemple, pour unité de longueur........

Résultat : xy = 27 millimètres.

Remarque. Le triangle rectangle xyz, dans lequel le côté yz est la différence des deux cotes données, peut remplacer le trapèze. C'est une figure un peu plus simple à construire, à laquelle on a souvent recours dans la pratique du dessin.

Une arête est une droite limitée dans les deux sens. La projection cotée (5.25) représente une droite limitée dans un sens (en descendant) — La projection cotée (8.30) représente une droite illimitée dans les deux sens.

Dans les tracés, on est convenu de distinguer les lignes données par un trait continu et fin (a) ; les lignes de construction par un trait discontinu (b) ; les lignes de résultat par un trait continu et gros (c).

2. Trouver sur une arête donnée (3-12) un point qui soit distant d'une de ses extrémités (3) d'une longueur donnée (21mm)

Soit x un point pris à volonté, mais tel que (3.x) soit moindre que 21mm, vérifiez, à l'aide du trapèze projetant, si, par hasard, les points (3) et (x) ne comprendraient pas en relief la longueur donnée — Généralement, la droite ax sera plus grande ou plus petite que 21mm Prenez ay' = 21mm et abaissez la perpend. y'y à la base ; le point y est le point demandé.

ay' = 21mm

3. Une arête étant donnée (3.10), trouver son point de rencontre avec le plan de projection.

Ce point est celui dont la cote est zéro. On l'obtient immédiatement en construisant le trapèze projetant, et en cherchant le point de rencontre de l'hypothénuse et de la base, prolongées l'une et l'autre. Ce point est le *pied de la droite*. C'est aussi sa *trace*. Une droite (d) peut être donnée par son pied (0) et un autre de ses points (10). Au-delà du pied, la droite est *cachée*, donc sa projection doit être *pointillée*.

Une arête étant donnée (4.12), mesurer son inclinaison sur le plan de projection.

Cette inclinaison se mesure par l'angle que la droite en relief fait avec sa projection. Construisez le trapèze projetant; l'angle compris entre l'hypothénuse et la base, et qui a son sommet au point (0), est l'angle cherché. On peut lui substituer l'angle zxy qui lui est égal.

Lorsque le plan de projection est horizontal, l'inclinaison prend le nom de *pente*. Cette dénomination est consacrée par l'usage. On est aussi dans l'usage d'exprimer la pente par un rapport de droites, par celui de la base du trapèze à la différence des cotes de l'arête donnée. Par exemple, la pente de la droite (5.13) est donnée par le rapport $\frac{xz}{zy}$ ou $\frac{24^{mm}}{8^{mm}}$ ou $\frac{3}{1}$. On dit, pour abréger, que c'est une pente de 3 sur 1 (3 de base sur 1 de hauteur). La longueur de la base forme toujours le premier terme du rapport. Exemples :

(a), droite dont la pente est $\frac{1}{2}$ (1 sur 2)

(b), droite dont la pente est $\frac{1}{3}$ (1 sur 3)

(c), droite dont la pente est $\frac{5}{3}$ (5 sur 3)

(d), droite dont la pente est $\frac{4}{3}$ (4 sur 3)

&c.

5. Connaissant la projection d'un point (x) d'une arête donnée (4.11), trouver la cote de ce point.

Construisez le trapèze projetant de l'arête donnée (4.11), et élevez la perpendiculaire xx' dont la longueur, mesurée en millimètres, représente la cote demandée (7) ....

xx' = 7

Remarques. On évalue à vue la moitié, le tiers ou le quart d'un millimètre, et l'on néglige le reste, qui est au-dessous de l'erreur que produit inévitablement l'épaisseur du crayon du dessinateur.

Si le point x se trouvait à la moitié, au tiers, au quart...... de la droite donnée, à partir du point le plus bas, la cote cherchée serait égale à celle du point le plus bas, augmentée de la ½, du ⅓, du ¼..... de la différence des cotes 11 et 14 ....

6. Connaissant la cote (9) d'un point d'une arête donnée (3.14), trouver la projection de ce point.

Construisez le trapèze projetant de l'arête donnée; prenez la distance (14.a) de 9 millim.; tracez la parallèle ax' à la base, et abaissez la perpendiculaire xx' à cette base... x est le point dont la cote est (9). Il peut arriver que le point x se trouve sur l'un ou l'autre prolongement de l'arête........

7. Une arête étant donnée (3-18), construire son échelle d'inclinaison.

Prenez la différence 15 des cotes 3 et 18; divisez la projection (3.18) en autant de parties égales qu'il y a d'unités dans cette différence; cotez les points de division; et l'échelle est construite.

D'un point de division à celui qui le suit, on monte ou l'on descend d'un millimètre, selon le sens suivant lequel on se dirige. On peut prolonger l'échelle à volonté...........

Lorsque l'arête est donnée par des cotes fractionnaires (5.7, 25), il faut d'abord déterminer, en deçà ou au delà de la cote fractionnaire, un point qui ait pour cote un nombre entier (6 ou 8....).......

Exemples — Fig (a), (b), (c) — Lorsque les points de division sont très rapprochés, on se contente, pour éviter la confusion, d'écrire des cotes de deux en deux, ou de trois en trois..... points de division.

Lorsque le plan de projection est horizontal, l'échelle d'inclinaison prend le nom d'échelle de pente — Rien de plus simple que de trouver sur une droite donnée par son échelle de pente, la cote ou la projection d'un point, connaissant sa projection ou sa cote.

---

8. Tracer la projection cotée d'une face polygonale.

1° Projection cotée d'une face triangulaire. Trois points cotés (2), (8), (15) pris au hasard et réunis deux à deux par des droites, représentent en relief une face triangulaire — (a) face dans une position quelconque — (b) face parallèle au plan de projection — (c) face perpendiculaire au plan de projection.........

2° Projection cotée d'une face quadrangulaire. Tracez la projection cotée (4.12.16) d'une face triangulaire; joignez le sommet (4) avec un point quelconque (11) du côté (12.16); marquez un point quelconque (19) de la droite (4.14), tracez les droites (12.19) et (16.19) — La figure (4.12.19.16) représente en relief un quadrilatère plan, dont les droites (4.19) et (12.16), qui se rencontrent au point (14) sont les diagonales......... Le choix des points (14) et

(19) peut simplifier beaucoup l'opération.

(d). Quatre points a, b, c, d, pris à volonté sur deux droites ao et bo qui se rencontrent, déterminent toujours une face plane en relief.......

(e) quatre points (5), (8), (15), (21), pris au hasard déterminent en relief un quadrilatère non plan, auquel l'usage a consacré le nom de quadrilatère gauche. Il comprend deux angles dièdres dont les diagonales sont les arêtes.......

Si le quadrilatère doit être un parallélogramme, la construction se simplifie : Tracez le triangle (14.18.2); joignez le sommet (14) avec le point milieu (10) du côté opposé (18.2), et prenez sur cette droite le point (6) situé à la même distance du point (10), que celui-ci l'est du point (14). La projection cotée (14.18.6.2) représente en relief un parallélogramme, car les diagonales (6.14) et (18.2) se coupent en parties égales au point (10).

Remarque. On voit que pour avoir les projections de deux droites parallèles en relief, il suffit de les considérer comme appartenant à une face parallélogrammique.......

3° Projection cotée d'une face polygonale. Rien de plus simple, puisque l'on sait trouver un 4e point situé dans le plan de trois autres points donnés. Tracez un premier triangle (5.5.10), puis un deuxième (10.5.12) qui soit dans le même plan que lui, puis un troisième qui soit dans le même plan que les deux premiers, puis un quatrième (10.20.22) &c.

On peut encore partir d'un triangle (5.8.16), en tronquer un sommet pour en faire un quadrilatère, puis ...... &c.

Remarque. Pour qu'une face, qui est une portion limitée de l'étendue plane, représente un plan illimité, il suffit de prolonger ses arêtes indéfiniment. — (a), plan représenté par trois points, ou par un triangle dont les côtés sont prolongés. — (b) et (c), plan représenté par un quadrilatère ou par deux droites qui se coupent.

9. Une face étant donnée (4.7.19.23), trouver la cote d'un de ses points (x) dont la projection est donnée.

Joignez le point (x) avec un point connu (4) d'une arête; cherchez la cote (14) du point (m) de l'arête (7.19); cherchez la cote du point (x) de la droite (4.14). Cette cote est celle du point (x) de la face donnée.

10. Une face étant donnée (4.10.20), trouver la projection d'un de ses points dont la cote est donnée (12).

Le point (12) de chacun des côtés de la face donnée répond à la question. Il en est de même de tout point de la droite (12.12.12) qui les contient nécessairement, et qui est parallèle au plan de projection.

11. Trouver sur une face donnée (9.18.23.13.4.50), la projection d'une droite parallèle au plan de projection, dont la cote est donnée (15).

Cherchez le point (15) des arêtes (9.18) et (13.23). — La droite (15.15) qui les joint, est la droite demandée. — Comme vérification, les points (15) des autres arêtes doivent se trouver sur cette droite.

Par tout point d'une face il passe une parallèle au plan de projection. Cette est une horizontale, lorsque le plan de projection est horizontal. — Toutes les horizontales d'une face sont des droites parallèles entre elles, de sorte que connaissant une horizontale, et un point d'une autre, on peut tracer cette dernière. — La considération des horizontales est très-utile dans la pratique du dessin. La fig. (a) présente une face sur laquelle on a tracé une suite d'horizontales équidistantes de 1 millimètre en relief. La fig. (b) en présente un autre exemple, dans lequel l'équidistance est la même. A équidistance égale, l'écartement des horizontales sur deux faces différentes permet de comparer immédiatement leurs pentes. — (a), pente peu rapide — (b), pente rapide.

Quelquefois on substitue aux horizontales d'une face les lignes de plus grande pente qu'elles comprennent entre elles. Alors on les dispose comme les figures (c) et (d) l'indiquent, afin que la longueur des lignes de plus grande pente, ainsi brisées, reproduise les horizontales dont elles dérivent. — L'écartement des lignes de pente doit être dans un certain rapport avec l'écartement des horizontales équidistantes.

12. Trouver la vraie grandeur d'une face polygonale donnée.

Décomposez cette face en triangles, construisez la vraie grandeur de chacun de ces triangles, et assemblez-les sur le papier comme ils sont assemblés en relief. — Quant à trouver la vraie grandeur d'un triangle, cela revient à chercher successivement celle des trois côtés... &c.

Si le polygone donné, par exemple le triangle (3.5.17), est perpendiculaire au plan de projection, les constructions se simplifient beaucoup. (fig. a)

Pour trouver la vraie grandeur des quatre angles que comprennent entre elles deux droites qui se coupent, il suffit d'appuyer un triangle sur ces droites, et d'en chercher la vraie grandeur (fig. b).

13. Une face étant donnée (5. 8. 30), trouver la distance d'un des sommets à un côté.

Soit à trouver la distance du sommet (30) à l'arête (5-8) — Construisez la vraie grandeur (5'. 8'. 30') de la face donnée, et cherchez sur cette figure la distance du point (30') au côté (5'. 8'). La perpendiculaire 30'x' est la vraie longueur de la distance demandée. Il est facile de trouver la projection cotée (30. 5,60) de la droite (30.x) qui répond à (30. x').

On sait aussi mener par un point une perpendiculaire à une droite (11.23) — En effet, appuyez un triangle sur la droite et le point donnés, construisez-le en vraie grandeur &c.

On sait aussi se donner un triangle rectangle, un carré, enfin toutes les combinaisons de droites dans lesquelles il y ait des angles droits. On sait enfin résoudre toutes les questions qu'on peut se proposer sur des grandeurs situées dans un même plan. — Exemples: se donner une face polygonale régulière, et par suite, la projection cotée du cercle circonscrit ou inscrit aux contours de cette face.

(Voyez plus loin un moyen plus simple de résoudre la même question.)

14. Trouver la trace d'une face prolongée.

On appelle trace la droite de rencontre du plan de projection avec la face prolongée. — Cherchez le pied (0) des deux arêtes (7.20) et (8.18) — La droite (0.0) est la trace demandée. — Comme vérification, les pieds des autres arêtes doivent se trouver sur cette droite.

On se donne souvent le plan d'une face par sa trace, et un point quelconque.

15. Mesurer l'inclinaison d'une face donnée sur le plan de projection.

Construisez la trace (o.o) de la face prolongée. — A l'un des pieds (o) construisez la perpendiculaire (o.7) à la trace, dans le plan de la face donnée, et la perpendiculaire (o.o) à cette même trace dans le plan de projection. — Construisez la vraie grandeur (o.o.7) du triangle rectangle (7.o.o) — L'angle rectiligne (o.o.7) de ce triangle est la mesure demandée ...... 80.

La droite (o.7), perpendiculaire à la trace (o-o) et qui sert à mesurer l'inclinaison de la face sur le plan de projection, est la ligne de plus grande pente, lorsque le plan de projection est horizontal. Autrement, c'est la ligne de plus grande inclinaison.

Par tout point d'une face il passe une ligne de plus grande pente. Toutes les lignes de plus grande pente d'une face sont parallèles entre elles.

Par tout point d'une face il passe une horizontale et une ligne de plus grande pente. Ces deux lignes représentent parfaitement le plan de cette face. L'horizontale fixe la direction du plan ; la ligne de plus grande pente en fixe l'inclinaison.

Remarque. Toute droite cotée (8.21) qu'on sait être ligne de plus grande pente d'une face, suffit pour déterminer le plan de cette face. En effet, soit (m) la projection d'un point de la face, la perpendiculaire (mp) à la droite (8.21) répond à la projection de l'horizontale des points en relief dont (m) est la projection. — Cherchez la cote (15) du point (p) de la droite (8.21) ; cette cote est celle du point (m).

Le plan d'une face est déterminé par sa trace et l'angle rectiligne qui mesure son inclinaison sur le plan de projection.

C'est ainsi que, dans les arts de construction (Coupe des pierres), on détermine la position de certains plans dont on fait usage. Ainsi on dit un talus à 45°, à 80°, ... ou bien un talus à $\frac{1}{2}$ (1 sur 2), à $\frac{1}{1}$ (1 sur 1 ou 45°), à $\frac{4}{3}$ (4 sur 3), ... — On dit aussi une rampe à 10°, à 20°, ..., ou bien à $\frac{2}{1}$ (2 sur 1), à $\frac{4}{1}$ (4 sur 1), à $\frac{1}{4}$ (1 sur 4 ou au quart) ...... Les talus sont des plans inclinés au-dessus de 45°, comme le sont les murs d'escarpe et de contrescarpe des ouvrages de fortification; dans ce cas la trace du plan est le pied du talus. — Les rampes sont des plans inclinés au-dessous de 45°; il y en a de douces et de rapides, selon qu'elles se rapprochent plus ou moins du plan horizontal. Le pied de la rampe est la trace de son plan sur le plan horizontal ...... 88.

16. Tracer l'échelle de pente d'une face donnée.

Tracez l'horizontale (9.9), ou toute autre. Tracez la ligne de plus grande pente (11.7), ou toute autre, et divisez-la en quatre parties égales (11 moins 7) ......

Pour éviter la confusion, on est dans l'usage de sortir l'échelle de pente de la figure, en la faisant mouvoir perpendiculairement à l'horizontale et parallèlement à elle-même ....

Remarque. On fait un fréquent usage des échelles de pente pour la représentation des plans. C'est que ce moyen est en effet très simple, et qu'il facilite beaucoup les opérations qu'on peut avoir à exécuter dans un plan.

Exemples. — Fig. (a), plan très incliné. La cote (m) 3,46 = [illegible] à l'aide d'une perpendiculaire à l'échelle. Lorsque le pied de la perpendiculaire ne tombe pas sur un point de division, on estime à vue la partie fractionnaire. Pour cela il convient que les dernières divisions de l'échelle soient assez rapprochées pour qu'on ne soit pas exposé à commettre une erreur sensible.

Fig (b), plan incliné à 45°. On s'est servi de l'échelle pour construire dans ce plan un quadrilatère (10. 32. 47. 42).

Fig (c), plan peu incliné, dans lequel on a construit à l'ai[de] de l'échelle de pente une droite (5. 10. 8) d'une longueur donn[ée] (20mm) en relief.

Fig (d). On s'est servi de l'échelle de pente pour résoudre la question suivante : Un point (20) étant donné dans un pla[n], construire la projection cotée du lieu de tous les points situés dan[s] ce plan à une distance donnée (16mm) du point (20).

Tracez l'horizontale (20.20), et portez sur elle les distances ca [illegible] 16 millim. Les points a, cotés 20, appartiennent au lieu deman[dé]. Tracez la ligne de plus grande pente bb du point donn[é] et portez sur elle les distances cb égales à la distance donnée re[duite] suivant la ligne de plus grande pente. Le [illegible] projetant de l'échelle de pente (fig e) fait connaître cette [r]éduction. Les points b, cotés 9 et 31, appartiennent au lieu de[mandé]. Tracez dans le plan et par le point donné, une droite quelconque cd, et cherchez sur elle un point d qui co[mprenne] entre lui et le point (20) la longueur donnée (16m[m]). Les points d, cotés 14 et 26, appartiennent au lieu demandé. Cherchez de la même manière autant d'autres points q[ue] vous le jugerez convenable, et réunissez-les tous par une cour[be] continue. Cette courbe, dont un certain nombre de points son[t] cotés, est la projection du lieu géométrique demandé. L'échel[le] de pente donne immédiatement les cotes de tous autres point[s] [que] les points a, b, d, qui ont été déterminés directement.

<u>En relief</u>, c'est-à-dire dans le plan donné ; le lieu géométrique des points en question est une circonférence de cercle de 16m de rayon. <u>En projection</u>, c'est une <u>ellipse</u> dont le <u>grand axe</u> est égal au diamètre horizontal (20.20) du cercle en relief, et dont <u>le petit axe</u> bb est égal au diamètre (9.31) <u>réduit</u> suivant la ligne de plus grande pente — Ces axes étant donnés, on peut tracer l'ellipse par autant de points qu'on veut. (*)

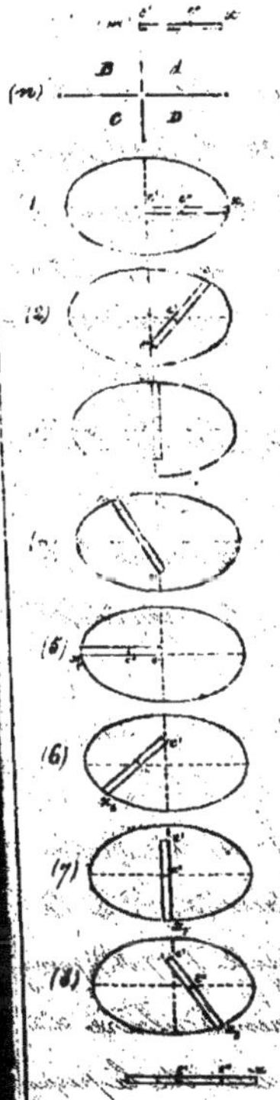

(*) (m), petite bande de papier fort, dont la longueur c'x est égale au demi-grand axe de l'ellipse à construire. Sa largeur est indifférente — La distance c'n est égale à la différence des [illegible] axes (<u>Excentricité</u>) — (n), les deux axes tracés perpendiculairement [illegible] A, B, C, D, les quatre angles droits qu'ils comprennent — Fig (1), position de la bande qui donne l'extrémité du grand axe. — Fig (2), position de la bande qui donne un point x_2 de l'ellipse dans l'angle A. — Fig (3), position qui donne l'extrémité x_3 du petit axe — Fig (4), point x_4 dans l'angle B — Fig (5), l'autre extrémité x_5 du grand axe — Fig (6), point x_6 dans l'angle C — Fig (7), l'autre extrémité x_7 du petit axe. — Fig (8), point x_8 dans l'angle D........

On peut, pour faciliter le maniement de la petite bande de papier, la prolonger au-delà du point c'. Les doigts de la main gauche trouvent à s'appuyer sur le prolongement........

De tous les moyens de tracer une ellipse par points, celui-ci est le plus commode pour la pratique. Il existe des <u>compas elliptiques</u> dont la construction est basée sur le même principe, et qui servent à tracer les ellipses d'un mouvement continu.

17. Rabattre une face donnée.

En relief, rabattre une face, c'est la faire tourner autour d'u[ne] de ses horizontales comme charnière jusqu'à ce qu'elle soit d[e]venue parallèle au plan de projection. Lorsque la trace est la [...] charnière, le plan de la face se confond avec le plan de proj[ec]tion. — En projection, c'est construire sur la charnière comm[e] base la vraie grandeur de chacune des deux parties (17.1.4.17) (17.23.32.17) suivant lesquelles la face se trouve divisée par l'ho[ri]zontale.

Remarques. Le mouvement de charnière est tel, q[ue] les points correspondants 1 et 1', 4 et 4', 32 et 32', 23 et 23' doiven[t] se trouver sur une même perpendiculaire à la charnière (17. [...]). Tous les points des côtés ou de leurs prolongements, situés [sur] la charnière, ne changent pas de place ; d'où il résulte un moyen de vérification ou de simplification. — (Voyez la figure [...])

La perpendiculaire (17.4) à l'horizontale représente la lig[ne] de plus grande pente du point (4), et la ligne (17.4') en es[t] la vraie grandeur. Ces lignes, et l'angle qui mesure la p[ente] de la face donnée, se trouvent dans le triangle projetant [...] (17.4.4'') de la droite (17.4).......

Cette remarque indique le moyen de relever un point qu'on suppose être le rabattement d'une face donnée — So[it] (x') un point du rabattement de la face (17.17.4). La projection de ce point relevé se trouvera sur la perpendiculaire (x.17) à [la] charnière — Faites l'angle (x.17.x'') égal à l'angle (4.17.4''), p[renez] la distance 17.x'' égale à 17.x', et abaissez la perpendiculaire [...] x est la projection du point x relevé, et la longueur de la pe[rpen]diculaire xx'' en est la hauteur (H) au-dessus de l'horizon[tale] (17.17).

Du rabattement et du relèvement d'un point, d'une face donnée, on déduit le moyen très-prompt de résoudre toutes les questions qu'on peut se proposer sur des grandeurs situées dans le plan de cette face. En effet, on peut rabattre la face et les données de la question, résoudre la question en rabattement, d'après les procédés de la géométrie plane, puis relever le résultat.

Exemples : Se donner un triangle rectangle — Se donner une face polygonale régulière — Par un point donné mener une tangente à un cercle donné..... &c.

Les opérations sont beaucoup simplifiées lorsqu'on fait usage des échelles de pente. La droite (10'-60') parallèle à l'échelle (10-60), égale à la vraie grandeur de cette droite, et divisée en un même nombre de parties égales, représente le plan rabattu — c't', rayon d'un cercle donné en rabattement ; m't', tangente menée à ce cercle par le point m' — Par le relèvement, on déduit immédiatement l'ellipse projection du cercle et la tangente mt à ce cercle en relief.

18. Trouver la projection cotée d'une droite perpendiculaire à une face donnée.

La droite perpendiculaire à la face (1. 11. 29. 31) au point (16) est perpendiculaire à toutes les droites qui passent par ce point dans le plan de la face. Elle est donc perpendiculaire à l'horizontale (16.16) et à la ligne de plus grande pente (9.16). Donc déjà sa projection est connue, car elle est la même que celle de la ligne de plus grande pente ; son pied (16) est donné, il ne reste donc plus qu'à trouver un second point de cette droite.

Construisez le trapèze projetant de la ligne de plus grande pente, et élevez la perpendiculaire (16.0') à l'hypothénuse. Le point (0') répond au pied (0) de la perpendiculaire demandée. Prenez la distance (16.0) égale à (16.0'). La droite (0.16) est une droite perpendiculaire à la face donnée. La fig. (a) montre la face et sa perpendiculaire dégagées des lignes de construction.

On peut aussi abaisser une perpendiculaire à une face donnée (5.10.25).

La perpendiculaire demandée a sa projection (27.x) perpendiculaire à l'horizontale (10.10) de la face; en relief elle est perpendiculaire à la ligne de plus grande pente (7.20); construisez le trapèze projetant de la droite (7.20); tracez la perpendiculaire (27'x') à l'hypothénuse. Le point x correspondant du point x' est le pied de la perpendiculaire demandée. Voy. la fig. (b)

(b)

Donc on sait trouver la distance d'un sommet g à une face adef, dont il ne fait pas partie, et, en général, la distance d'un point à un plan. La longueur comprise entre le point g et le pied p de la perpendiculaire, est la distance demandée.

19. Trouver le point de rencontre d'une arête et d'une face données.

L'arête donnée (4.15) et la droite (4.16,50) qui est sur la face donnée (2.7.18.20.4,50), sont dans un même plan projetant, car leurs projections se superposent. Leur point de rencontre est évidemment le point demandé. Construisez le trapèze projetant de chacune de ces droites, et marquez le point de rencontre x des deux hypothénuses _ Le point x, correspondant du point x' est le point de rencontre cherché.

20. Mesurer l'inclinaison d'une arête sur une face.

L'inclinaison d'une droite sur un plan se mesure par l'angle que cette droite fait avec sa projection sur ce plan.

(14), point de rencontre de la droite donnée (0.48) avec la face donnée (5.10.30.20). Ce point est lui-même sa projection sur le plan de la face. (48.24), perpendiculaire abaissée sur la face _ (14.24), projection de la droite (0.48) sur la face _ Résultat : l'angle (48.14.24) qui mesure l'inclinaison de l'arête (48.0) sur la face (5.10.30.20).

21. Mesurer la distance qui sépare deux arêtes non situées dans un même plan

Tels sont les côtés opposés ab et cd, ad, et bc d'un quadrilatère gauche abcd (fig 1 et 2) _ On entend par distance entre ces côtés, la longueur de la plus courte de toutes les droites (1.1), (2.2), (3.3), ... qu'il est possible d'appuyer à la fois sur l'un et sur l'autre côté _

(15.35) et (29.37) les deux droites données _ Tracez la droite (25.28) parallèle à (29.37) et passant par un point (28) de la droite (15.35). Les deux droites données ne peuvent pas avoir de plus grand rapprochement entre elles que celui qui existe entre la droite (29.37) et le plan auxiliaire (25.28.35) _ La perpendiculaire (29.20) abaissée sur le plan auxiliaire est la distance demandée _ De toutes ces perpend. celle xy dont le pied y est sur la droite (15.35), est la perpend. commune, ou la distance dans sa vraie position ....

Angles polyèdres.

22. Se donner un angle dièdre.

On se donne l'arête à volonté, et l'on appuie sur elle deux faces polygonales — Seulement on combine les côtés des faces et celles de l'arête, de manière à obtenir soit un angle dièdre convexe (fig. a), soit un angle dièdre concave (fig. b) — Trois droites en relief (fig. c) passant par un même point déterminent trois angles dièdres.

Fig (d), angle dièdre donné par les échelles de pente de deux plans. L'arête de l'angle résulte de la rencontre des horizontales de même cote — Cette figure représente une portion de *glacis* (ouvrage de fortification) dont l'angle horizontal (2,50) est *la ligne de feu*, et dont la trace (0.0.0) est le *pied*.

On peut, (fig e), en rapprochant assez les horizontales des faces donner de l'expression à la représentation, surtout lorsqu'il y a une différence de pente assez marquée dans les faces — L'arête de cet angle dièdre est *saillante*.

Fig (f), le même angle représenté avec les lignes de plus grande pente......

Fig (g), autre exemple, dans lequel l'arête est rentrante ou *en gouttière*.

23. Construire le développement d'un angle dièdre donné.

Développer un angle dièdre, consiste 1° à faire tourner une des faces autour de l'arête comme *charnière*, jusqu'à ce qu'elle soit arrivée dans le plan de l'autre face ; 2° à construire dans sa vraie grandeur la figure qui résulte de la réunion des deux faces. Le développement est une espèce de rabattement.......

Construisez la vraie grandeur (2'.17') de l'arête, et sur elle comme base, tracez un triangle (2'.17'.32') égal à la vraie grandeur de la face (2.17.32); puis, sur cette même base, un pentagone (2'.17'.26'.26'.10') égal à la vraie grandeur de la face (2.17.26.26.10)...... La fig.(c) représente le développement demandé.

Trois droites passant par un même point représentent toujours le développement d'un angle dièdre (fig. b)

Remarque. Soit m(fig.a) un point de la charnière, mp une perpendiculaire à cette ligne dans le plan de la face triangulaire, mq une perpendiculaire à la même ligne dans le plan de la face pentagonale.

Il est évident que les droites mp et mq ne cessent pas, pendant le mouvement, d'être perpendiculaires entre elles; de sorte que le développement étant effectué, elles ne forment plus (fig.c) qu'une seule droite p'm'q' perpendiculaire à la charnière (2'.17').

Donc, si l'on mène une perpendiculaire quelconque p'q' à la charnière sur le développement, et si, à l'aide des vraies distances (m'.17'), (p'.32) et (q'.26), on construit sur la projection cotée les points m, p et q, on obtient la projection cotée de l'angle pmq qui mesure l'inclinaison des faces de l'angle dièdre; angle dont les côtés sont connus en vraie grandeur.

Mesurer l'inclinaison des faces d'un angle dièdre donné.

Développez l'angle donné. Sur le développement, tracez la perpendiculaire (o'm'p') à la charnière (6'.20'). Marquez sur la projection cotée de l'angle dièdre les points o, m et p correspondants de o', m', p'; achevez le triangle (omp), et construisez-en la vraie grandeur sur le côté (m'o') comme base (ou sur le côté m'p'). — L'angle p'm'o mesure l'inclinaison des faces de l'angle dièdre donné.

Selon que cet angle est droit, aigu ou obtus, l'angle dièdre est lui-même droit, aigu ou obtus.

24. Exécuter le relief d'un angle dièdre donné.

1° En carton. Découpez un morceau de carton mince égal au développement de l'angle dièdre ; coupez à moitié le carton suivant l'arête et du côté opposé à l'ouverture de l'angle ; enfin, pliez les faces (fig. a) jusqu'à ce qu'elles comprennent entre elles le patron p qui donne la mesure de leur inclinaison...... On pourrait se donner à la place du patron p l'angle que les arêtes ab et ac comprennent entre elles dans l'espace.

2° En matériaux de relief (bois, pierre, ...). Dressez un plan sur le bloc de pierre, et sur ce plan tracez une face égale à l'une de celles du développement de l'angle dièdre. — Dressez un [illegible] plan passant par l'arête et faisant avec le premier un angle égal à celui qui mesure l'inclinaison des faces. — L'équerre à charnière, ouverte et maintenue suivant cet angle, est l'instrument qui sert de guide dans ce travail. — Enfin, dans le nouveau plan et sur l'arête comme base, tracez la seconde face de l'angle, prise sur le développement.

25. Se donner un angle polyèdre convexe, le développer, et en exécuter le relief.

Tracez la projection cotée d'un polygone convexe (7. 8. 18. 17. 11). — Marquez un point (35) en dehors de ce polygone, et joignez-le à tous les sommets par des droites (35.11), (35.18), ... L'ensemble de toutes ces droites donne (fig. a) la projection cotée d'un angle polyèdre convexe.

Un angle polyèdre peut avoir un ou plusieurs angles dièdres droits. Un angle trièdre est rectangle, bi-rectangle ou tri-rectangle, selon qu'il a un, deux ou trois angles dièdres droits.

Si deux des trois arêtes comprennent entre elles un angle quelconque (25.20.27), tandis que la troisième (7.20) est perpendiculaire au plan de cet angle, l'angle trièdre est bi-rectangle.

Si les trois arêtes sont perpendiculaires entre elles deux à deux, l'angle trièdre (15.0.4.5) est tri-rectangle.

Il est rectangle, lorsque deux des trois faces sont perpendiculaires entre elles, la troisième étant quelconque par rapport à celles-ci.

Trois droites quelconques passant par un même point représentent un angle trièdre en relief (fig. b).

(Fig c), angle trièdre convexe dont les faces sont données par leur échelle de pente.

Fig (d), autre exemple.

La fig. (e) représente le développement de l'angle (a), opération sur laquelle il n'y a pas lieu de s'étendre. On y trouve aussi les angles rectilignes m, n, p, q, r qui mesurent l'inclinaison des faces des angles dont les arêtes respectives sont (7.35), (8.35), (18.35), (17.35), (11.35).

Quatre droites (fig f) passant par un même point représentent le développement d'un angle trièdre. Les deux droites sa répondent à la même arête en relief.

Exécution du relief, rien de plus simple :

1° *En carton.* Découpez une feuille mince suivant la figure (7.8.18.17.11.7) du développement, et donnez un coup de tranchant suivant chaque arête, au *verso* de la figure. Faites en carton les patrons des angles m, n, p, q, r; pliez la figure suivant les arêtes, et joignez les lignes extrêmes (7.35), en fesant que les faces adjacentes soient inclinées entre elles comme l'indiquent les patrons.........

m n &c.

Si l'angle est trièdre, les patrons sont inutiles.....

2° *En matière solide.* Dressez un plan sur la matière, et tracez-y une face du développement. Faites les deux faces adjacentes à celle-ci à l'aide de la fausse équerre; puis faites de la même manière les faces adjacentes à celles-ci. Comme vérification, vous devez trouver pour l'inclinaison de ces deux dernières, qui *ferment* l'angle, celle que donne le dessin.

Polyèdres.

26 *Se donner une pyramide.*

Tracez la projection cotée du polygone de la base; prenez le sommet à volonté, et joignez-le à chacun des sommets de la base.

La hauteur d'une pyramide est égale à la distance du sommet à la base.

(a)

(b)

Fig(a). Pyramide dont la base repose sur le plan de projection et dont le sommet, situé en deçà de la base, se projette dans son intérieur. Sa *hauteur* est égale à la cote (0, 27), de 27. Toutes les arêtes sont vues.

Fig (b). Pyramide dont la base est parallèle au plan de projection, et dont le sommet, situé en deçà de la base, se projette en dehors — La base est cachée par le corps — Sa hauteur est marquée par la perpendiculaire (0.24) à la base.

Fig (c). Pyramide dont la base, qui a une position quelconque, cache une partie du corps, le sommet étant placé au-delà — Sa hauteur est la droite (3-22).

Cas particuliers. Quatre points pris au hasard, (fig (d) et fig. (e)) et réunis deux à deux par des droites, déterminent un tétraèdre, dont la base peut être vue ou cachée, selon la cote du point pris pour sommet, comparée à celles des trois autres qui forment la base — Un tétraèdre a quatre bases, quatre sommets, et par suite, quatre hauteurs.

Un point x est déterminé de position dans l'espace, lorsqu'on connaît sa distance à trois autres points donnés (1), (2), (3) (fig. f), ou (5), (7), (11), (fig. g) — Le tétraèdre joue dans l'espace le même rôle que le triangle joue dans la géométrie plane. Il est invariable et indécomposable.

Pyramide creuse. Formez un angle trièdre qui ait son sommet dans l'intérieur de la pyramide donnée (39.0.5.15) et dont les arêtes soient parallèles à celles du sommet trièdre (39); puis prenez sur ces arêtes trois points (4), (8), (15), tels que la face (4.8.15) soit parallèle à la face (0.5.15) — Le résultat est une pyramide creuse dont la surface intérieure est parallèle à la surface extérieure — Quant à l'épaisseur, c'est-à-dire, à la distance entre les faces parallèles, on n'en a pas tenu compte; elle est une conséquence des opérations du tracé....... Dans le cas d'une pyramide triangulaire on pouvait s'imposer la condition d'égalité d'épaisseur.........

27. Se donner un prisme.

Tracez la projection cotée du polygone de la base — Menez par un des sommets une droite quelconque, et par chacun des autres sommets, une parallèle à cette droite — Portez sur chaque droite, à partir de la base, une longueur égale, et joignez deux à deux les points ainsi obtenus, pour former la seconde base du prisme.

Fig (a). Prisme oblique et incliné dont une base est sur le plan de projection.

Fig (b). Prisme droit, perpendiculaire au plan de projection

Fig (c). Prisme oblique, parallèle au plan de projection.

Fig (d). Prisme dans une position quelconque.

Cas particuliers. Pour se donner un parallélipipède, prisme dont les faces sont parallèles deux à deux et dont les sommets sont trièdres on part (fig e) d'un sommet trièdre quelconque (2.5.7.18), et l'on appuie sur lui (fig. f) le parallélipipède qui en est la conséquence. La cote du sommet (x) se déduit de celles des points (2),(5),(7); quant à celles des sommets (x),(4),(6), elles sont respectivement égales aux cotes des points (5),(7) (10), augmentées de 16, différence des deux cotes 18 et 2 de l'arête (2.18)..........

Le parallélipipède est rectangle (fig g) lorsque tous angles trièdres sont tri-rectangles. On le forme en s'appuyant sur un angle trièdre tri-rectangle abcd, dont les arêtes ab, ac et ad, prises à volonté, constituent les dimensions du corps (longueur, largeur, épaisseur).

Dans le cas d'un parallélipipède quelconque les dimensions sont mesurées par les longueurs des perpendiculaires comprises entre les faces parallèles — pp, épaisseur, distance entre les deux faces dac' et d'bc — qq, largeur, distance entre les deux faces b'dc et c'ab' — rr, longueur, distance entre les bases abcd et a'b'c'd'. Si le corps repose sur une de ses bases, la longueur devient la hauteur.

Le cube (fig h) est un parallélipipède rectangle dont les faces sont des carrés. On le forme en s'appuyant sur un angle trièdre tri-rectangle, sur les arêtes duquel on porte des distances égales ab, ac, ad, ...

Prisme creux. (Fig K) Prenez le sommet (16) à volonté pour le correspondant du sommet (14) — Menez les arêtes (16.56), (13.53), (14.54), respectivement parallèles aux arêtes (14.62), (10.58), (12.60), ... et prenez sur elles des longueurs telles que leurs extrémités soient dans l'intérieur du prisme — Achevez .... &c. — Le résultat est un prisme creux dont l'épaisseur entre les faces n'est pas la même — On pourrait satisfaire, dans le prisme, à la condition d'égalité d'épaisseur — Le prisme creux peut être ouvert ou fermé par ses deux extrémités.

28. Se donner un polyèdre convexe, développer sa surface, et en exécuter le relief.

Fig(a). Tracez la projection cotée d'un angle tétraèdre convexe, que

(a) (b) (c)

vous regarderez comme étant le commencement du corps demandé.

Fig(b). Appuyez sur l'angle (60.49.18), une face triangulaire ; sur l'angle (60.49.39), une face quadrangulaire ; et sur chacun des deux autres angles, une face triangulaire — Faites des constructions analogues aux sommets (18), (60), (60), (39), (3), et vous étendrez le corps — Enfin, vous *fermerez* par des faces triangulaires l'espace ainsi enveloppé par des faces successivement ajoutées.......

La fig (c) présente un dodécaèdre convexe qui a été conçu et formé de cette manière — Le polygone (18.41.31.39.49) représente son *contour* — Les sommets (60), (60) sont *vus*, tandis que les sommets (2) et (3) sont *cachés* — Toute face qui passe par un sommet caché est *cachée*.

Si vous ne voulez pas obtenir un grand nombre de faces, évitez les faces pentagonales, et, à plus forte raison, celles d'un nombre de côtés supérieur......

On peut déduire un polyèdre d'une pyramide ou d'un prisme qu'il est facile de se donner, en *tronquant* successivement un ou plusieurs sommets.

Cas particulier. Se donner un *polyèdre creux* est une question tout-à-fait analogue aux deux précédentes (pyramides creuses,

(60.0.3.30), pyramide triang.re tronquée.

prismes creux) — Toutefois, il est en général impossible, dans le cas d'un polyèdre, de satisfaire à l'égalité d'épaisseur. Les dimensions d'un polyèdre dépendent du sens dans lequel on les mesure. Ainsi, on peut donner sa hauteur verticale, sa largeur et son épaisseur horizontales..........

(d)

La fig. (d) représente le développement du dodécaèdre (c) — Les angles rectilignes k, l, m, n, o, p, q ...... mesurent l'inclinaison des faces qui s'appuient respectivement sur les arêtes (31.60), (31.41), (31.2), (41.2), (41.18), ...

L'exécution du relief est sans difficulté — En carton, découpez une figure égale à celle du développement (d); donnez un coup de tranchant suivant chaque arête, et au verso de la figure; enfin, pliez.... &a.

En matière solide, exécutez, à l'aide de la fausse équerre, un des sommets du polyèdre (angles dièdres et faces) — Exécutez de la même manière les sommets qui s'appuient sur les faces de celui qui est fait....... et ainsi de suite. Nous arrivons ainsi à envelopper complètement l'espace.

Il faut une grande précision et une grande adresse dans l'exécution pour se fermer exactement, c'est-à-dire pour arriver à des faces de fermeture qui soient égales à celles du dessin, et dont les inclinaisons soient égales à celles du dessin. La difficulté augmente avec le nombre des faces du polyèdre. Les pyramides et les prismes en présentent un peu moins que les polyèdres.

Dans les arts de construction, il existe d'autres méthodes d'exécution des reliefs; mais elles ne peuvent trouver place ici.

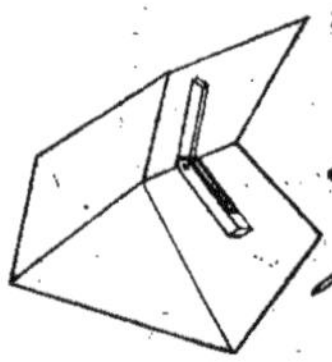

Lorsque le polyèdre à exécuter a des angles rentrants, on se sert encore de la fausse équerre pour rechercher ces angles dans la matière.

En général, le dessin qui sert de guide dans l'exécution, prend le nom d'épure; ce nom est consacré dans les ateliers et dans les chantiers.

Applications.

1. *Projeter un polyèdre donné sur le plan de projection parallèlement à une droite donnée.*

Menez par chacun des sommets du polyèdre des parallèles à la droite donnée — Cherchez les points de rencontre de ces droites avec le plan de projection, et joignez-les entre eux comme les sommets auxquels ils correspondent sont joints sur le polyèdre en relief — Le résultat est la projection demandée, que l'on nomme *projection oblique et parallèle* : *oblique* au plan de projection, *parallèle* à la droite fixe qui est donnée.

Fig (a). *Projection oblique et parallèle* d'une pyramide — Le nouveau *contour* (15'.27'.18'.32') répond en relief au *quadrilatère gauche* (15.27.18.32) ; d'où l'on conclut que le sommet (7') de la nouvelle projection est *caché*, tandis que le sommet (27') est *vu*.

Fig (b). *Projection oblique et parallèle* d'un prisme — Le contour de la nouvelle projection répond en relief au polygone gauche (6.2.15.35.52.48.25.6) à l'aide duquel on détermine les *sommets vus*, qui sont en deçà, et les *sommets cachés*, qui sont au-delà du contour, par rapport à la direction que détermine la droite de *parallélisme* (36.2).

C'est pour éviter la confusion qu'on n'a pas mis dans les figures (a) et (b) toutes les lignes de construction.

Fig (c): Projection oblique et parallèle d'un polyèdre.

Son contour répond en relief au polygone gauche (12. 39,75. 43,50. 41. 25. 20. 0. 4. 12), on en conclut les faces vues et les faces cachées dans la nouvelle projection (abstraction faite de la partie que cache le polyèdre donné.)

La projection oblique et parallèle change avec l'inclinaison et la direction de la droite de parallélisme. Elle s'allonge ou se raccourcit, selon que cette droite s'abaisse ou s'élève .... 88a.

Effets d'ombre et de lumière.

Supposez que la droite de parallélisme des fig. (a), (b), (c), représente la direction d'un faisceau de rayons lumineux et parallèles, comme le sont les rayons solaires, il est évident que la projection oblique et parallèle du corps que l'on considère n'est pas autre chose que l'ombre portée par ce corps sur le plan de projection, ou la limite de la lumière que le corps intercepte, tandis que le contour en relief devient la ligne de séparation entre la partie éclairée et la partie non éclairée du corps, ou, comme on dit ordinairement, la ligne de séparation d'ombre et de lumière. — On convient 1° de mettre des hachures (traits parallèles et équidistants) sur les ombres portées et sur les faces qui sont dans l'ombre, et de laisser en blanc les parties éclairées — 2° de tracer les hachures de chaque face parallèlement à ses horizontales — 3° de tracer les hachures des ombres portées parallèlement à la direction des rayons de lumière.

Ces conventions ne laissent aucune incertitude dans cette opération graphique.

Voyez les figures suivantes (d), (e), (f).

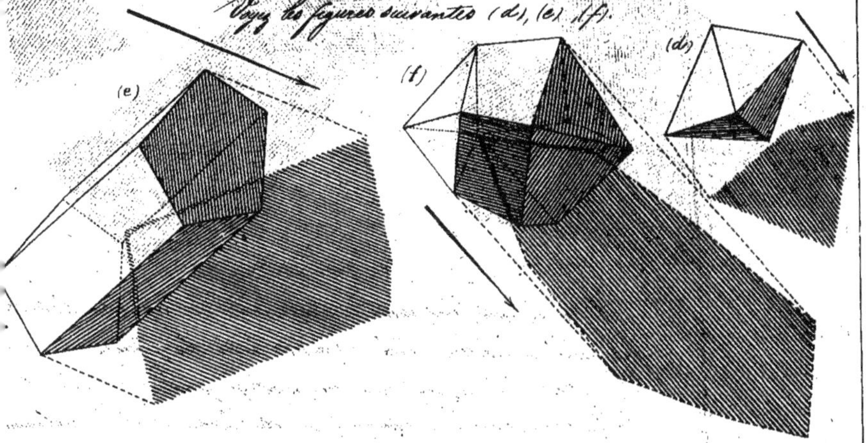

(e) (f) (d)

Ces figures, réduites à l'effet que produit le contraste du noir des hachures et du blanc du papier, ne peuvent pas faire image — L'imitation devient bien plus grande, si l'on ajoute les demi-teintes qui résultent de l'éclairement des faces que frappent les rayons lumineux sous différents angles.

Pour produire d'autant plus d'effet, on convient de ménager ce qu'on appelle des dégradations dans les teintes et les demi-teintes des faces, en faisant venir convenablement l'écartement des hachures — 1° sur les faces non éclairées, le noir est en haut, et le noir adouci est en bas; — 2° sur les faces éclairées, au contraire, le plus noir de la demi-teinte est en bas, tandis que le moins noir ou le moins teinté est en bas — Voyez les figures suivantes (g). (h). (k).

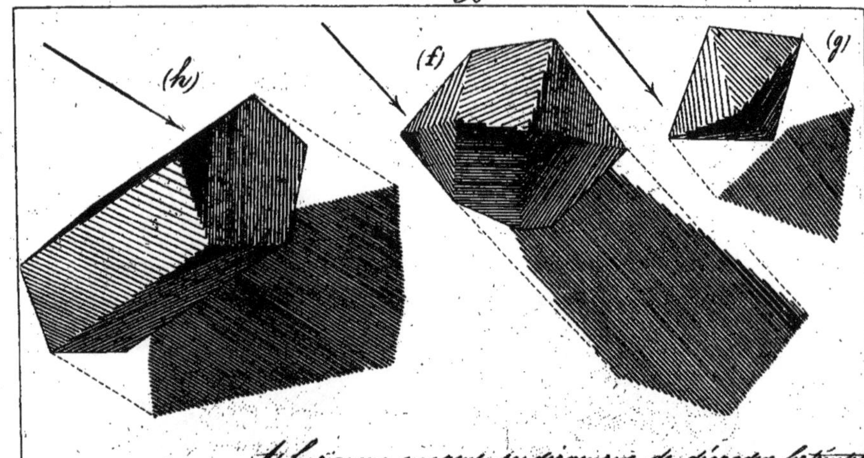

A la rigueur, on peut se dispenser de dégrader les teintes des ombres portées. Cela est ainsi dans les figures (d), (e) et (f). — Mais une dégradation ne peut qu'ajouter à l'effet. On l'obtient, soit par un croisement de hachures d'un écartement variable, fait sur le premier travail (fig g'); soit par des hachures perpendiculaires à la direction des rayons lumineux (fig h'), ce qui est le plus simple. — Dans cette dégradation, la teinte s'affaiblit à mesure qu'elle s'éloigne de la projection du corps.......

Plus de détails sur ce sujet ne sauraient trouver place ici.

(h') 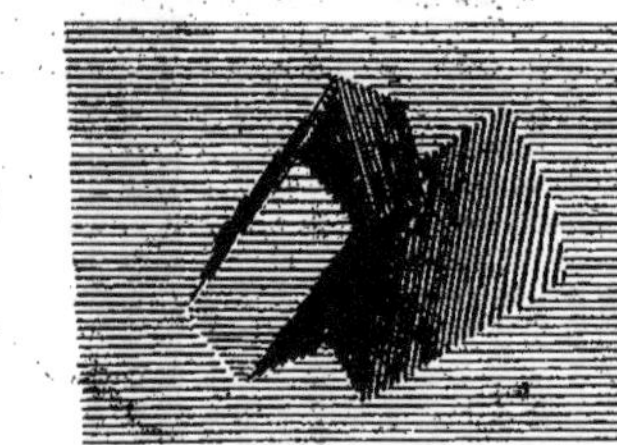 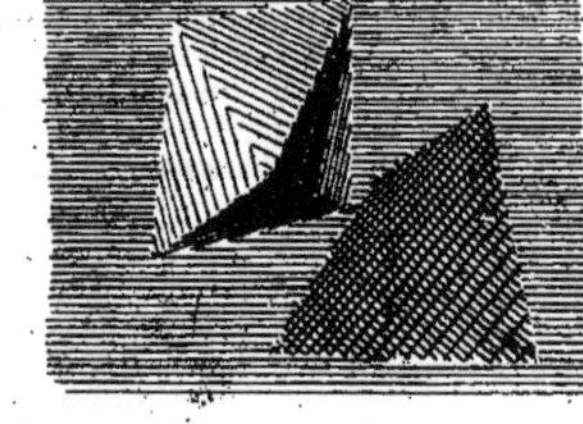 (g')

On conçoit que le plan de projection doit être teinté..........

2. Projeter un polyèdre donné sur un plan perpendiculaire au plan de projection, par des droites passant toutes par un point donné.

Menez par chacun des sommets du polyèdre une droite allant au point de concours (71), et marquez la cote de son point de rencontre avec le nouveau plan de projection dont la ligne xx est la trace — Ces cotes sont respectivement (33), (29), (24), (46), ... pour les sommets (12), (16), (4), (41), ... — Concevez que ces points soient joints deux à deux comme le sont en relief les sommets qui leur correspondent — Le résultat est la projection demandée, qu'on nomme projection oblique et concourante, ou simplement projection concourante.

(a)

Par suite de la position du nouveau plan de projection, la projection concourante se réduit à la portion de la trace xx, comprise entre les points extrêmes (29) et (45).

Pour faire voir la figure qu'elle présente, tracez (fig a) une droite x'x' à volonté, et marquez sur elle une suite de points (29'), (33'), (24'), (45'), ... disposés entre eux comme le sont les points (29), (33) (24), (45), ... sur la droite xx — Élevez en ces points des perpendiculaires à x'x' respectivement égales aux cotes (29), (33), (24), (45), ... — Joignez deux à deux, comme il a été dit tout à l'heure, les points ainsi obtenus ....

Le contour de la nouvelle projection répond en relief au polygone gauche (0.20.37,50.39,75.42,50.23,50.16.0) dont la connaissance permet de faire avec certitude la distinction des parties vues et des parties cachées — La perpendiculaire (71.c), abaissée du point de concours sur le nouveau plan de projection xx, est la distance de ce point à ce plan; et la cote 71 en est la hauteur au-dessus du premier plan de projection. Le point c, reporté en c', est le centre de la projection — La distance et la hauteur du point de concours sont des données essentielles......

La projection concourante d'un corps diminue de plus en plus, à mesure que le plan de projection xx se rapproche du point de concours supposé fixe; mais les figures qu'on obtient sont toujours semblables entre elles, et leurs dimensions sont proportionnelles aux distances des plans de projection au point de concours......

Fig. (b). Projection concourante sur le plan pp, passant par le milieu m de la distance (71.c).

Fig (c). Projection concourante sur le plan p'p', passant par le point milieu m' de la distance (71.m)...... 8e

La projection concourante d'un corps augmente dans le rapport de la distance du plan de projection au point de concours. Dès que ce plan passe au-delà du corps, la projection est plus grande que le corps......

La projection change aussi avec le déplacement du point de concours, le plan de projection étant fixe. S'il se rapproche de ce plan, elle diminue; s'il s'en éloigne, elle augmente, mais sans dépasser une certaine limite...... — Il est presque inutile de faire remarquer qu'il n'y a plus similitude entre les différentes figures.

La figure ci-dessous présente, comme second exemple, la projection concourante d'une pyramide.

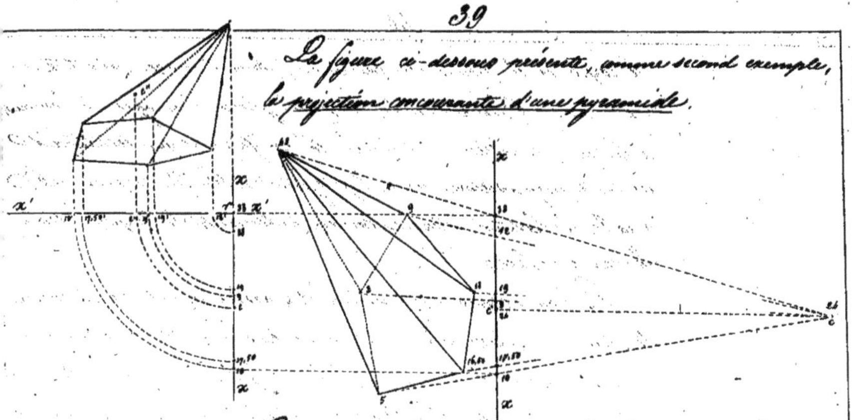

La ligne xx qu'on peut placer à volonté, est disposée ici de telle manière que les points correspondant à ceux qui sont sur x x sont obtenus par des arcs de cercle décrits du point de rencontre r comme centre...... Cette opération, qui répond à un rabattement, place l'image en face du lecteur.

Le troisième exemple qui suit est la projection concourante d'un prisme.

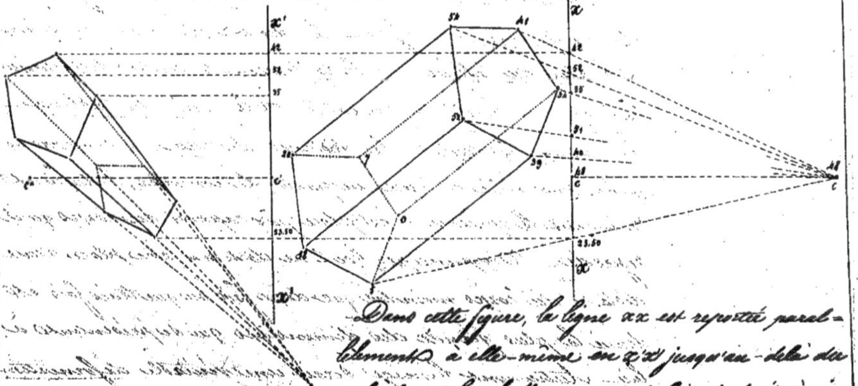

Dans cette figure, la ligne xx est reportée parallèlement à elle-même en x'x' jusqu'au-delà du polyèdre, et le rabattement s'est fait de droite à gauche. On peut, lorsqu'il y a assez de place entre le le corps et le point de concours, placer l'image rabattue entre eux. — En résumé, on peut placer l'image où l'on veut, à la seule condition d'éviter la confusion qui résulterait de sa superposition avec le polyèdre. Si elle se présente mal, le lecteur tourne convenablement le papier pour la voir en face.

Les projections concourantes des arêtes parallèles du prisme doivent satisfaire à la condition de passer toutes par un même point a. C'est ce qui a lieu en effet. — En général, un groupe de droites parallèles en relief donne un groupe de droites qui passent toutes par un même point, lorsqu'on les met en projection concourante. C'est le caractère distinctif de cette projection ..... &c. — Seules, les droites verticales restent parallèles en projection.

Dans la pratique du dessin, ce genre de projection s'appelle projection perspective ou perspective tout court. Alors, le corps à projeter est l'objet — le plan de la projection cotée est le plan des objets — le nouveau plan de projection est le plan du tableau, ou le tableau — le centre de la projection devient l'œil du spectateur ou le centre du tableau — la hauteur de l'œil et la distance de l'œil, qui remplacent la hauteur et la distance du point de concours, indiquent comment le spectateur est placé par rapport au corps qu'il regarde. — En principe, l'œil ne doit pas être placé à une distance du corps moindre que deux fois ou que trois fois et demi la plus grande des dimensions qui se présentent à lui. — Autrement l'image serait une véritable déformation du corps.......

Les points de rencontre des perspectives de plusieurs dro

tes parallèles dans l'espace, se nomment indistinctement *points de concours*, *points de fuite*, *points d'évanouissement*. A l'aide des points de concours et de quelques considérations particulières, la *perspective des corps* se traite dans la pratique du dessin directement et d'une manière très simple...... — Ces détails ne peuvent trouver place ici.

Effets d'ombre et de lumière.

La perspective d'un corps éclairé et présentant, par conséquent, des effets d'ombre et de lumière, est un moyen de représentation qui possède à un haut degré la propriété de *faire image*, en ce qu'il montre les objets comme on les voit. Mais si la perspective donne bien l'idée de la forme des corps, en revanche elle n'apprend rien sur leurs *dimensions*. La projection cotée, comme on l'a vu, possède cette autre propriété, sans être dépourvue toutefois de celle de faire assez bien image........

Voici quelques exemples de perspective de corps éclairés.

Polyèdre quelconque.

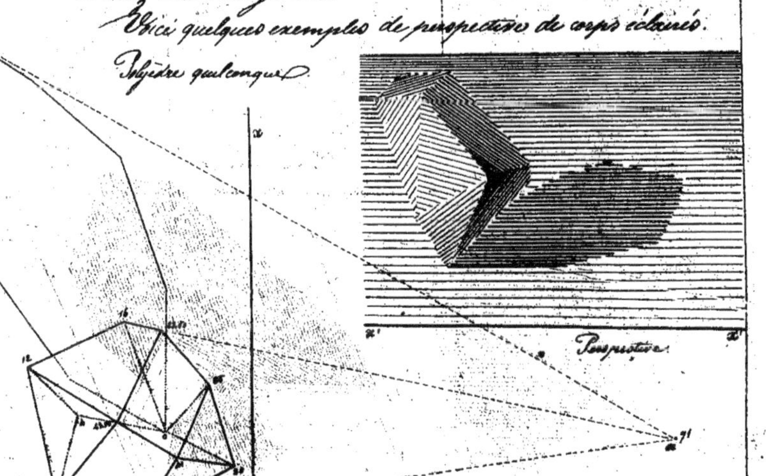

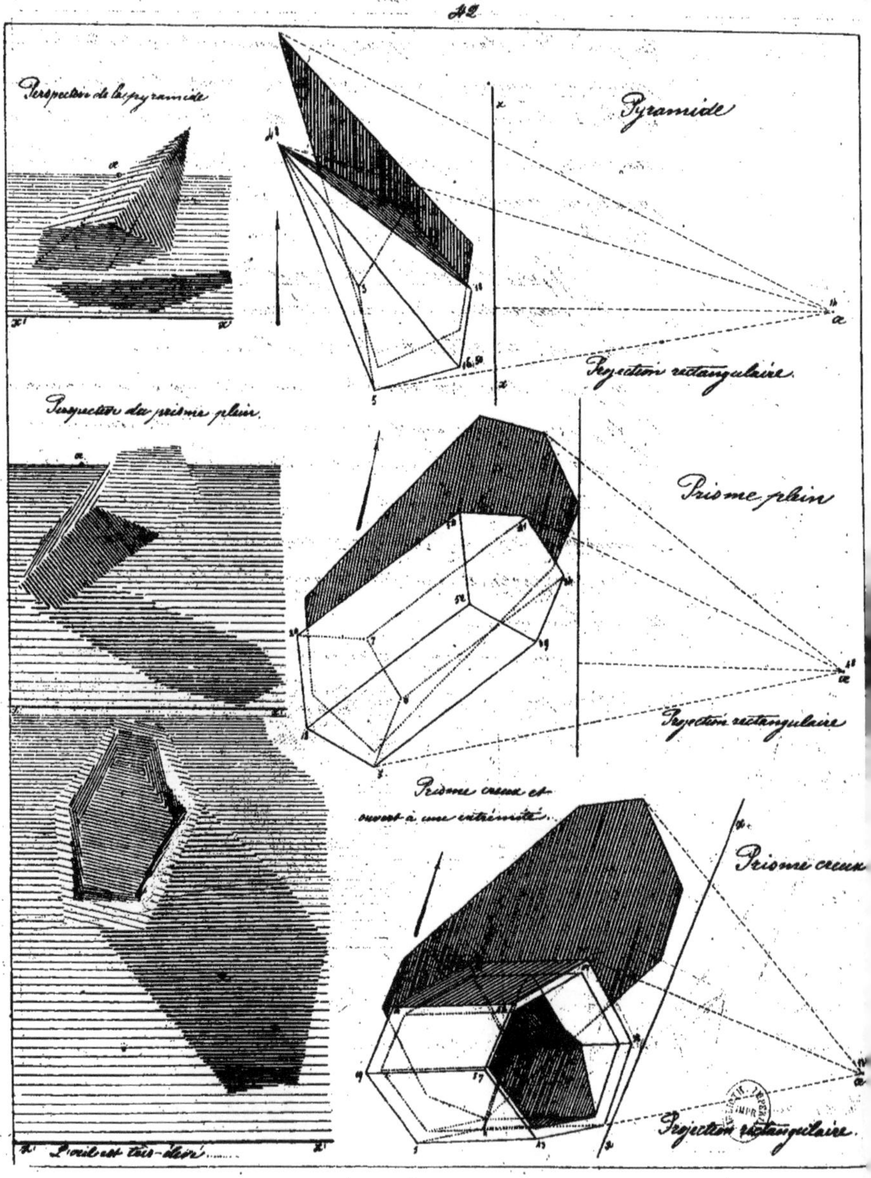

Perspective de la pyramide

Pyramide

Projection rectangulaire

Perspective du prisme plein.

Prisme plein

Projection rectangulaire

Prisme creux et ouvert à une extrémité.

Prisme creux

Projection rectangulaire

L'œil est tout-élevé......

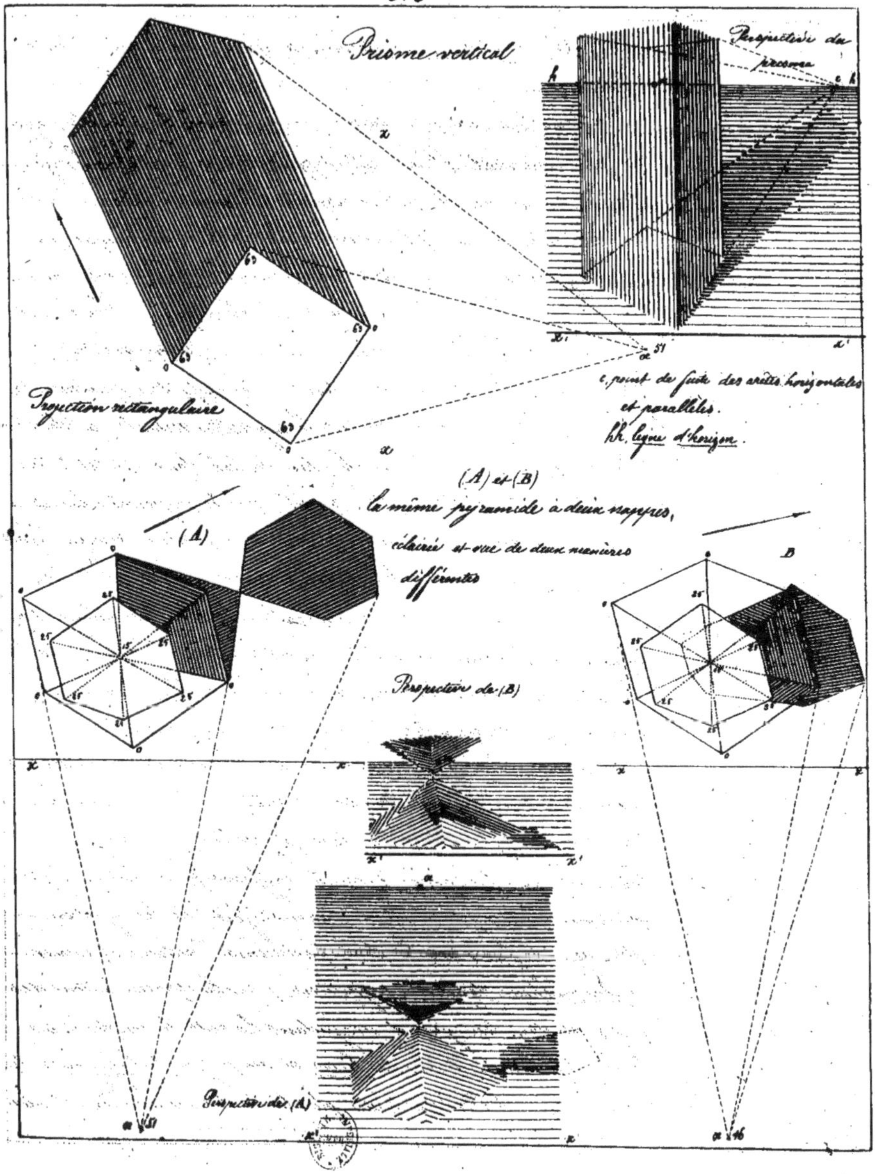

Prisme vertical

Perspective du prisme

Projection rectangulaire

c, point de fuite des arêtes horizontales et parallèles.

hh, ligne d'horizon.

(A) et (B)

la même pyramide à deux nappes, éclairée et vue de deux manières différentes

Perspective de (B)

Perspective de (A)

3. On polyèdre étant donné, construire une élévation de ce polyèdre.

Dans tout ce qui va suivre, on supposera le plan de projection horizontal. Dans cette supposition, la projection horizontale d'un corps prend ordinairement le nom de plan. Et la projection de ce corps sur un plan vertical quelconque, par des projetantes rectangulaires, est une élévation verticale, ou simplement une élévation. Plus généralement, c'est une projection verticale.

(A) étant le plan coté d'un prisme, (B) en est la projection verticale ou l'élévation sur le plan vertical dont xx est la trace. Il est visible que les perpendiculaires 6a, 11'b, 13'c, 4'd, ... sont respectivement égales aux cotes des sommets (6), (11), (13), (4), ...

(C) est une autre élévation du même polyèdre (A) sur le plan vertical dont yy est la trace. On peut donc présenter ce polyèdre sous tous les aspects possibles : parallèlement à sa direction, perpendiculairement à sa direction ......

On reconnaît immédiatement qu'une projection verticale peut remplacer les cotes qui sont écrites sur la projection horizontale, et que, par conséquent, deux projections, l'une horizontale et l'autre verticale, d'un même corps, suffisent pour déterminer complètement ce corps. Tout ce qu'on a fait avec la projection cotée, peut se faire avec les deux projections. On devra s'y exercer.

La méthode des deux projections, pour la représentation des corps, est d'un très-grand usage dans les arts de construction. Elle est la base du dessin des levers et des projets de bâtiments, de machines ...... Elle sera traitée plus tard d'une manière complète.

La droite xx ou yy, rencontre du plan horizontal et du plan vertical, pris pour plans de projection, prend souvent, dans la pratique, le nom de ligne de terre, parce que souvent elle représente la rencontre d'un plan vertical, d'un mur par exemple, avec le terrain supposé horizontal — Plus généralement, c'est l'axe de projection.

Les projetantes de la projection horizontale ou du plan sont les lignes horizontalement projetantes ; celles de la projection verticale ou de l'élévation sont les lignes verticalement projetantes.

4. Un polyèdre étant donné, faire une coupe horizontale passant à une hauteur donnée (35)

Rien de plus simple : — Cherchez sur chaque arête le point qui a pour cote (35) et joignez deux à deux les points situés sur des arêtes qui appartiennent à une même face — Le résultat est le polygone (35.35.35......) qu'on nomme coupe horizontale du polyèdre (A).

La figure (a) représente la coupe horizontale d'une pyramide creuse.........

5. Un polyèdre étant donné, faire une coupe verticale dont la trace est donnée.

Le résultat est immédiat : la portion xabxcd de la trace xx du plan coupant représente la coupe verticale du polyèdre donné — Pour en avoir la vraie grandeur, il faut recourir à l'élévation faite sur un plan yy parallèle au plan xx, et en déduire l'élévation

(a)

de la coupe elle-même, soit à l'aide des cotes des points, x, a, b, c, ..., soit à l'aide des perpendiculaires menées par ces points à la trace yy....... L'un de ces deux moyens peut servir à vérifier le résultat obtenu par l'autre........

La figure (a) représente les deux projections d'un prisme creux, et la coupe verticale de ce prisme par le plan zz.

Conventions pour le tracé des coupes. On est dans l'usage de distinguer les coupes par des hachures que l'on trace sur les parties pleines du corps, tandis qu'on laisse en blanc les parties vides. Cette convention, qui suppose enlevée la partie du corps qui est au-dessus du plan coupant horizontal, ou en avant du plan coupant vertical, donne aux coupes la propriété d'indiquer la disposition intérieure des corps creux.

Élévation longitudinale. Coupe suivant ab (M) Élévation transversale

grenier
2e étage
1er étage
Rez-de-chaussée

Plan de la toiture

(M)

Coupe suivant mn ou plan du 1er étage

(a) Cage de l'escalier. xx. ligne de terre.

On a recours très-fréquemment aux coupes dans le dessin des bâtiments, véritables polyèdres creux et à faces plus ou moins épaisses, dont il est essentiel de montrer l'intérieur, c'est-à-dire la distribution intérieure par les murs de refend, les cloisons et les planchers. On construit à cet effet des coupes horizontales qui indiquent (fig. M) la distribution horizontale à différentes hauteurs ou à divers étages; et des coupes verticales qui indiquent la distribution verticale aux points les plus convenables. L'usage a consacré le nom de plan aux coupes horizontales des bâtiments ; ainsi, au lieu de dire coupe horizontale du 1er, du 2e, du 3e étage, on dit plan du 1er, du 2e, du 3e étage.

Afin de simplifier le dessin, on y a supprimé tous les détails d'ouvertures, tels que portes, fenêtres et lucarnes pour ne considérer que la forme générale du polyèdre tant à l'intérieur qu'à l'extérieur.

On a continuellement recours aux coupes dans le dessin des machines, pour expliquer les détails assez souvent compliqués des assemblages des pièces entre elles........

(b)

(d)

(c)

La figure (b) montre ce qui reste du polyèdre (A) qu'on a coupé successivement par un plan horizontal et par un plan vertical. Le reste est représenté par deux projections — Quelquefois les parties enlevées sont désignées par des lignes pointillées — Les parties coupées étant entièrement couvertes de hachures dans cette figure, on en conclut que le polyèdre (A) est plein.

La figure (c) montre l'intérieur de la pyramide creuse, après qu'on a enlevé la partie supérieure au plan coupant......

La figure (d) montre l'intérieur du prisme creux, après qu'on a enlevé la partie antérieure au plan coupant........

La disposition des hachures dans ces deux figures indique tout ce qu'on peut désirer, 1° sur l'épaisseur des faces dans dans le sens horizontal pour la pyramide (c), et dans le sens vertical pour le prisme (d); 2° sur l'assemblage des faces entre elles.— On voit que les faces de la pyramide sont composées de planches assemblées les unes avec les autres, tandis que le prisme est tout d'une pièce, comme serait un prisme de fonte, par exemple........ Il convient, d'après cela, d'ajouter à la pyramide les joints qui aboutissent à la surface extérieure (fig e)....

Il ne faut jamais tracer les hachures (f) perpendiculaires aux faces; elles produisent alors un mauvais effet — On les trace diagonalement (g), sans toutefois les incliner trop — Quelquefois, comme dans certains assemblages compliqués (h), on les fait parallèles aux faces......

Lorsqu'on ne considère, dans la coupe horizontale, que la figure qui résulte de la rencontre du plan coupant avec la surface extérieure du corps, on donne assez ordinairement à cette figure le nom de section horizontale — Dans les coupes verticales, cette figure prend le nom de profil. De sorte que la différence qui existe entre une coupe verticale et un profil, consiste en ce que la coupe représente en même temps l'élévation des parties restantes du corps— Les profils sont très usités en architecture et en fortification : en architecture, pour le dessin des corniches (k), des moulures....., en fortification, pour représenter les formes en relief (Voyez plus loin.)

Fig (m) — Profil vertical du prisme creux (a).

6. Un polyèdre étant donné, le représenter par l'ensemble des sections horizontales.

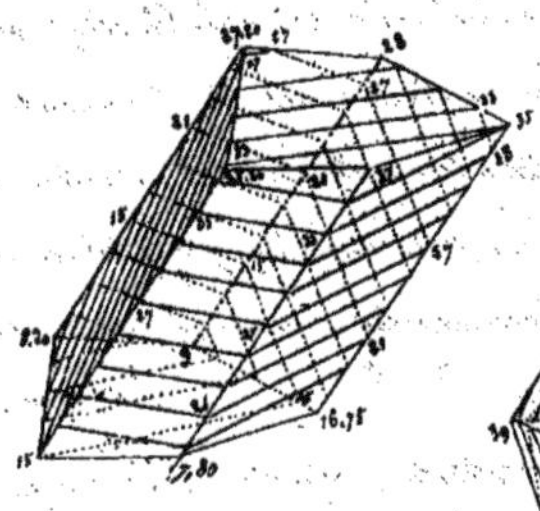

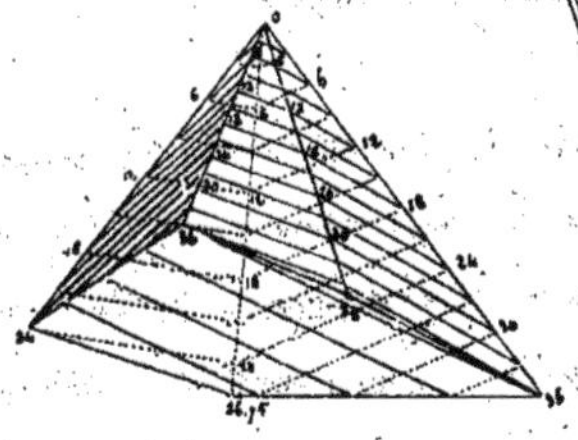

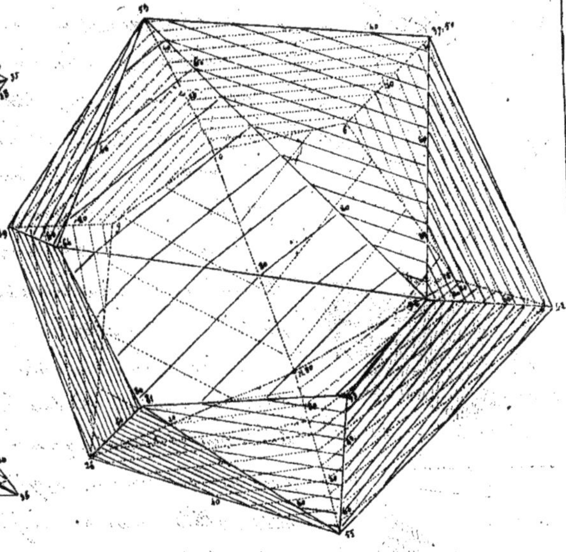

Les figures ci-dessus s'expliquent d'elles-mêmes — Elles représentent un prisme, une pyramide et un polyèdre — Ce mode de représentation fait la base du dessin de la fortification et des levers nivelés du terrain — En général, ces sections sont équidistantes. On trouve de grands avantages à cette disposition.

Représenter un polyèdre par un ensemble de sections verticales parallèles, est une question tout-à-fait analogue à la précédente, car rien n'empêche de supposer que le plan de projection d'horizontal qu'il était, ne soit devenu vertical ……

Lorsque le rapprochement des sections est assez grand, pour que les arêtes du corps puissent être suffisamment indiquées par elles, on les supprime ; l'effet qui en résulte est plus agréable à l'oeil.

7. <u>Un polyèdre étant donné, faire une coupe oblique par un plan quelconque.</u>

Le mot <u>coupe oblique</u> se rapporte au plan de projection.

Le <u>plan coupant</u> est donné par son échelle de pente. On peut opérer de deux manières : soit en cherchant la rencontre de chacune des arêtes du polyèdre (A) avec le plan donné ...... ; soit en ayant recours aux horizontales de même cote dans le plan et sur chacune des faces qui peuvent le rencontrer sans être prolongées ....

La fig. (a) représente ce qui reste du polyèdre (A), après qu'il a été coupé par un plan horizontal, par un plan vertical, et enfin par un plan oblique.....

Les coupes obliques sont très-peu usitées dans la pratique du dessin, parce qu'elles sont beaucoup moins faciles à construire que les <u>coupes horizontales</u> et les <u>coupes verticales</u>. — On pourrait représenter un polyèdre par une suite de <u>sections obliques parallèles</u> ; mais on n'en fait rien, toujours à cause du défaut de simplicité dans les opérations.

Parmi toutes les coupes obliques qu'on peut faire à travers un prisme, il en est une que l'on considère dans les arts de construction, et particulièrement dans la coupe des pierres, pour l'exécution de l'épure de certains développements. C'est celle qu'on appelle <u>section droite</u>, et qui est faite perpendiculairemen aux arêtes du prisme. — Cette section g.h.K (fig d) a la propriét lorsqu'on développe le prisme, de s'étendre suivant une ligne droite K'g'h'K'. Cela est évident. — Quant aux arêtes, a son autant de perpendiculaires élevées aux points K', g', h'. — Il ne faut plus, pour achever le développement de la surface pris matique, que trouver la vraie grandeur des parties comprises en

lie les extrémités des arêtes et les points g', h', k'....

8. Deux polyèdres étant donnés, construire leur rencontre.

On entend par rencontre de deux polyèdres l'ensemble des lignes qui peuvent être communes à la surface de l'un et de l'autre polyèdre. — La solution de cette question repose entièrement sur la rencontre d'une droite et d'un plan, ou sur celle de deux plans.....

Voyez ci-dessous plusieurs exemples.

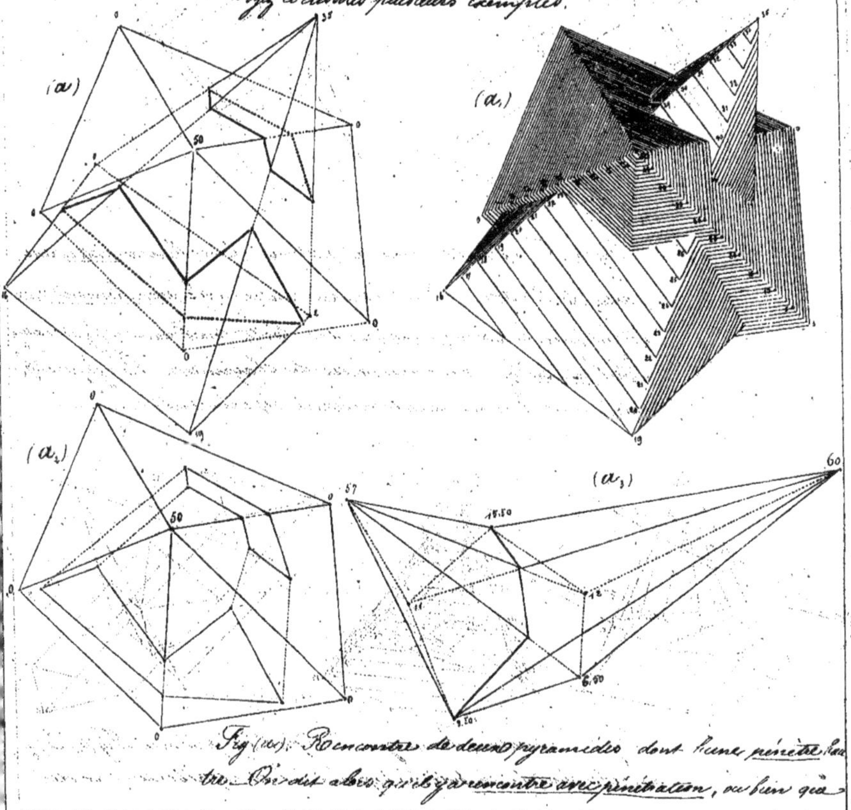

Fig (a). Rencontre de deux pyramides dont l'une pénètre l'autre. On dit alors qu'il y a rencontre avec pénétration, ou bien qu'a c'est une *pénétration*. — La figure (a_1) est la rencontre de la fig. (a) représentée par une suite de sections *horizontales équidistantes*. — La fig. (a_2) représente la pyramide *pénétrée*, ou la pénétration considérée séparément. — La fig. (a_3) représente deux pyramides de même base et de même hauteur qui se rencontrent.

(b) (b₁)

Fig. (b). Rencontre de deux prismes dont l'un *arrache* une partie de l'autre. — C'est une rencontre avec *arrachement*, ou simplement un *arrachement*. — Cette combinaison figure aussi bien l'*assemblage* de deux pièces de charpente. La figure (b_1) représente l'arrachement considéré séparément.........

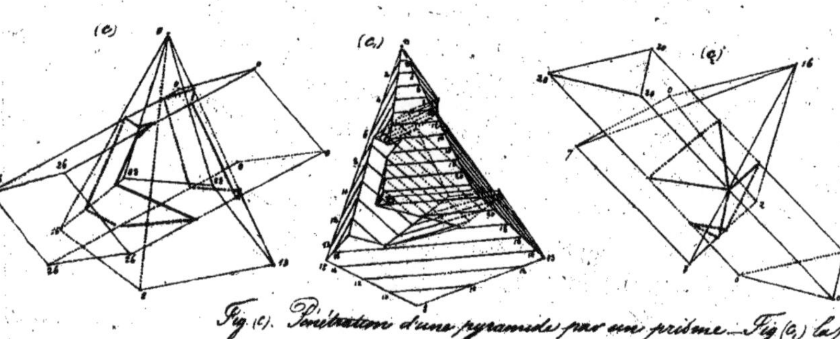

Fig. (c). Pénétration d'une pyramide par un prisme. — Fig (c_1) la pyramide pénétrée, considérée séparément, et représentée par des

sections horizontales équidistantes.— Fig (k_2). Pénétration ou arrachement d'une pyramide par un prisme avec point multiple (m).— Ce cas est en effet la limite des pénétrations ou celle des arrachements possibles......

Figure (d).— Pénétration d'un polyèdre par un prisme.

Fig. (d_1).— Le polyèdre pénétré considéré séparément, et représenté par un ensemble de sections horizontales équidistantes — Pour éviter la confusion, on a supprimé celles qui sont cachées....

Fig. (d_2) — Portion du polyèdre (d_1) représentée par les lignes de plus grande pente qui interceptent les horizontales......

9. <u>Un polyèdre étant donné, le rapporter à un plan horizontal qui passe au-dessus de lui à une distance donnée.</u>

Le polyèdre est donné par son plan coté, auquel on a joint une élévation, dans le but de rendre plus facile à comprendre la transformation demandée.

Il est d'ailleurs évident qu'on peut élever ou abaisser à volonté le plan de projection, parallèlement à lui-même, sans rien changer à la forme ni à la position du corps donné. Les cotes seules changent pour chaque position, toutes se trouvent augmentées ou diminuées d'une même quantité, selon qu'on abaisse ou qu'on élève le plan......

Lorsque le plan de projection laisse le corps tout entier au-dessous de lui, la nouvelle cote de chaque sommet est égale à la différence qui existe entre la distance des deux plans horizontaux donnés, et de la première cote de ce sommet. — Soit (40) la cote du nouveau plan : le sommet (29) sera coté (11), (40 moins 29) ; le sommet 22 sera coté (18), (40 moins 22) ;...... (voyez l'élévation B').

La figure (C) présente le résultat de cette transformation. Dans cette figure, le sommet le plus *haut* en réalité, c'est-à-dire, le sommet (36), a la cote la plus faible (4), et réciproquement, le sommet le plus *bas* (0) a la cote la plus forte (40). C'est le contraire de ce qui se passe dans la fig. (B), où le plan de projection est au-dessous du corps.

Les dessinateurs topographes, pour la représentation des formes du terrain par leurs *plans nivelés et cotés*, et les ingénieurs militaires, pour la représentation des formes des *ouvrages de fortification*, font généralement usage de plans de projection situés au-dessus du terrain et de la fortification, parce que les cotes qu'ils ont à inscrire à côté des points, sont le résultat d'une opération manuelle qu'on nomme *nivellement*. Cette opération s'exécute avec un instrument qui porte le nom de *niveau*. Il y a plusieurs espèces de niveaux, mais avec tous, le *plan de niveau* ou le plan horizontal que donne l'instrument passe au-dessus des objets, de sorte que les distances des différents points de l'objet à ce plan sont de véritab projetantes menées de bas en haut. — Lorsque quelques points se trouvent au-dessus du plan de comparaison, ce qui arrive rarement, on les y rapporte en opérant d'une manière particulière. — On pourrait, à la rigueur, transformer les résultats du nivellement et recourir à un plan inférieur de comparaison. Mais l'expérience a appris à préférer les cotes descendantes, que donne le nivellement. On s'habitue avec une grande facilité à lire la forme et la situation des grandeurs dans l'un ou l'autre système de cotes.

Lorsque le plan de projection est supérieur, il prend le nom de plan général de comparaison ou plan de comparaison, et quelquefois de plan de repère. —

La figure ci-dessous montre un profil vertical fait dans un polyèdre rapporté à un plan supérieur de comparaison. — Ce polyèdre (P), qui a des angles saillants et des angles rentrants, et qui est limité entre deux plans verticaux, représente une masse de terre disposée d'une manière dont on verra plus loin d'autres exemples.

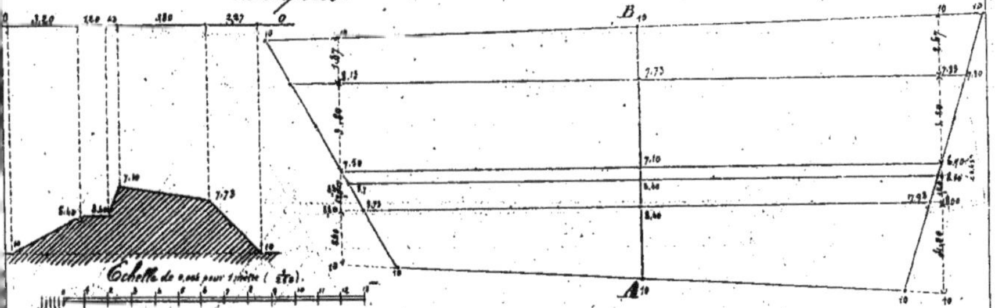

Échelle de 0,005 pour 1 mètre ($\frac{1}{200}$).

Le plan de comparaison passe à 10.m au-dessus du terrain supposé horizontal. — Le profil est fait suivant la direction AB, ou suivant AB. — Rien de plus simple que de déterminer les cotes des points où les arêtes rencontrent le plan vertical dont AB est la trace. — La fig. (a) représente ce profil rapporté à l'horizontale (o.o) qui est l'intersection du plan du profil avec le plan de comparaison. — Ce profil apparte-nant à un corps <u>plein</u> devrait être, à la rigueur, couvert entièrement de hachures.

Comme les hachures continues du profil (a) sont d'un effet dé-sagréable, et qu'elles peuvent être incommodes, on se contente souven (fig. b et c) d'un commencement de hachures sur tout le pourtour. — Souvent aussi (fig. d) on fait une sorte d'imitation de terres coupées. — Enfin dans le cas d'un profil de maçonnerie pleine, comme celui d'un mu (fig. e), les hachures couvrent le tout.

10. <u>Tracer la projection complète du parapet d'un ouvrage de fortifica-tion, connaissant : son profil, supposé constant, le tracé de l'une de ses arêtes, la direction et l'inclinaison des deux talus extrêmes.</u>

0,005 pour 1 mètre ($\frac{1}{200}$).

(A)

2.40 1.50 4.00 1.34

(1/200)

Données — Le profil (A), qu'on suppose toujours vertical et fait perpendiculairement à la direction des arêtes horizontales, est donné par ses dimensions horizontales et ses dimensions verticales — Le tracé donné abc, qui est toujours celui de l'arête la plus élevée, dépend de la forme qu'on veut donner à l'ouvrage — xx, parallèle à la trace ou au pied du talus de l'extrémité a; mop son inclinaison (1/2) — yy, parallèle au pied du talus de l'extrémité b; rot son inclinaison (1/1):

Il est presque inutile de faire remarquer que, dans le profil (A), les droites représentent des faces, et que les points de rencontre de ces droites représentent des arêtes.

Après avoir construit perpendiculairement à l'arête ab, le profil (A) égal au profil donné, on obtient immédiatement la projection de toutes les arêtes du parapet. Il ne reste plus qu'à le limiter par des talus qui passent par les points a et b dont la cote commune est 2,50, et qui aient chacun la direction et l'inclinaison données.

(a)

1° Pied du talus (fig. a): par le point (2,50) menez la perpendiculaire ap à xx — Portez sur elle la moitié de (2,50) — Tracez la parallèle pq à xx — pq est le pied du talus.

(b)

2° Rencontre d'une arête avec le talus (fig. b): Tracez l'horizontale du talus qui a même cote que l'arête donnée (1,20) — ces deux horizontales se coupent au point cherché — L'horizontale (1,20) du talus est une parallèle au pied pq, à 60 centimètres ($\frac{1.20}{2}$) de distance.

3° Rencontre d'une face avec le talus: — Cette droite de rencontre est la conséquence immédiate des points de rencontre des arêtes qui limitent la face donnée (voyez la fig. b).

Le détail (d) représente l'ensemble des opérations graphiques à faire pour l'extrémité a — Le détail (e) se rapporte à l'extrémi-

La connaissance du profil constant (A) peut dispenser de coter les sommets de la projection du parapet....

La fig (B) montre l'extrémité a du parapet, représentée par une suite de sections horizontales, équidistantes de 20 centimètres — Dans le dessin de la fortification, les horizontales des faces sont pointillées. Sans cette attention, il serait très-difficile de distinguer les arêtes.

Les talus qui soutiennent les terres aux extrémités s'appellent aussi des profils inclinés.

Noms que l'on donne aux faces et aux arêtes d'un parapet:

hh': ligne du terrain

ah: terre-plein de l'ouvrage — Il pourrait être au-dessus ou au-dessous du terrain.

fh': côté de l'ennemi ou de la campagne

Faces.	Arêtes.
ab — Talus de banquette (2/1)	a — Pied du talus de banquette.
bc — Banquette (pour les fusiliers)	b — Sans nom
cd — Talus intérieur (1/3)	c — Pied du talus intérieur.
de. Plongée (6/1, en général). Face suivant laquelle les coups plongent en avant du parap.	d — Crête intérieure ou ligne de feu
	e — Crête extérieure.
ef — Talus extérieur (1/1 ou 45°. Talus naturel des terres)......	f — Pied du talus extérieur.

Dimensions ordinaires.

Hauteurs.	Largeurs ou épaisseurs.
dd' — 2m,50. C'est le relief de l'ouvrage.	ab' — Double de bb'.
bb' ou cc' — 1m,20 — ou à 1m,30 (dd') au-dessous de la crête int.	bc' ou bc — 1,20 (largeur de la banquette).
ee' — Déduite du relief dd' et de l'épaisseur de:	cd' — Déduite de dd' ($\frac{dd'}{3}$).

dé – Épaisseur du parapet. Elle dépend de la nature des terres et du calibre des canons des attaquants; et – égale à ee'.

Le parapet est presque toujours précédé d'une excavation fghk, qu'on nomme fossé, qui fait obstacle à l'ennemi, et dont les terres servent à la construction du parapet. – Ses dimensions dépendent de ce double objet, ainsi que de la nature du terrain. – La partie fg qui appartient au sol, et qui a 1m de largeur, est la berme. Le talus gh est le talus d'escarpe ou l'escarpe. La berme fg empêche qu'il ne soit écrasé sous le poids du parapet. – Le talus iK, opposé à l'escarpe, est la contrescarpe. – ik est le fond du fossé.

Le sommet g de l'escarpe est la magistrale. – K, sommet de la contrescarpe.

11. Tracer la projection complète d'un épaulement de batterie avec retour, connaissant son profil, son tracé et l'inclinaison de chacun des talus extrêmes.

Plan d'ensemble

Échelle de 0,005 pour 1m ($\frac{1}{200}$)

Le terrain est supposé horizontal, et le plan de comparaison p se à 20m au-dessus de lui — abc est le tracé de la crête intérieure ou ligne courante; bc est la retour.

Profil (B). ah', terre-plein de la batterie — ab, talus intérieur ($\frac{2}{7}$) — bc, plongée ($\frac{27}{1}$), (pente qui suffit pour l'écoulemen des eaux) — cd, talus extérieur ($\frac{1}{1}$)

bb', hauteur de l'épaulement 2m,30 — ab', base du talus intérieur ($\frac{2,30}{7}$ ou 65 centim.) — bc', épaisseur de l'épaulement 6m (dan les batteries d'école) — cc', elle est égale à bb' (2,30) moins bc $\frac{1}{27}$ de bc' ($\frac{6}{27}$); 2,30 moins 22 centim. ou 2,08.

Fig. (C) — Profil coté de l'épaulement d'après ces données. Il est rapporté à un plan de comparaison passant à 20 au-dessus du terrain (Planches du cours sur le tracé et la construct des batteries)

Fig (C') — Le même profil rapporté au plan du terrain

12. Projection d'une embrasure à canon.

Profil de l'embrasure (fig C'') — Le point g' représente la genouillère qu'on suppose élevé de 1m,19 — Le fond de l'em sure g'h' a une inclinaison de $\frac{37}{1}$. Si l'on construit la dro mp à $\frac{37}{1}$ (la base op étant parallèle à la base du profil), et qu'on lui mène la parallèle g'h'; on trouve 38 centim. pour la hauteur h'h''.

Projection ou plan de l'embrasure (fig. C'') — gg largeur o l'ouverture intérieure de l'embrasure, qu'on suppose de 54 cen hh, ouverture extérieure. On la fait égale à la moitié de l'épai seur comprise horizontalement entre les deux points g' et h (voyez le profil), c'est-à-dire à la moitié de la distance oo prise sur la directrice xx de l'embrasure. D'où il résulte que hh es le $\frac{1}{4}$ de oo — gh ligne du fond de l'embrasure — bchg, quadrilatères gauches qui forment les joues de l'embrasure — Le côté bg est tracé dans le talus intérieur, et sa projection est parallèle à la directrice. Le côté ch est le résultat de la rencontre du talus extérieur avec le plan qui, passant par la ligne de fond gh, serait incliné à $\frac{1}{3}$. Enfin, le côté bc provient de la jonction par une droite des points b et c qui sont tous deux dans le plan de la plongée. (Voy. le plan d'ensemble de la page 59)

Construction du côté ch : Tout consiste à mener par la droite (1,19 : 0,88), un plan à $\frac{1}{3}$ — Du point (1,19) comme centre et avec un rayon égal à $\frac{1,19}{3}$, tracez un arc de cercle (du côté de la directrice)(x) — Du point (0,88) comme centre, avec un rayon égal à $\frac{0,88}{3}$, tracez un arc de cercle — Menez la tangente tt commune à ces deux arcs. Cette droite, trace horizontale du plan cherché, détermine ce plan.

Il ne faut plus que trouver l'horizontale 2,08 de ce plan, pour en déduire, par sa rencontre avec la crête extérieure, le point c. Cette horizontale est une parallèle à la trace tt, menée à $\frac{2,08}{3}$ de distance.........

$mn = \frac{2,08}{3} = 0,69$

(1/200)

On simplifie le tracé, en supposant le plan de projection élevé de 0,88, cote du point le plus bas. Un arc de cercle suffit ; son rayon est égal au tiers de la différence des cotes 1,19 et 0,88 ($\frac{0,31}{3}$ ou 0,10) — Ce rayon est si petit qu'on a dû l'exagérer pour le rendre sensible sur la figure — On voit que l'on peut, sans erreur sensible, se contenter de mener l'horizontale 2,08, parallèle à la ligne de fond. Cette solution approchée suffira presque toujours.

(1/200)

Formes géométriques du revêtement des embrasures :

(x) Des deux plans inclinés à 1 sur 3 qu'on peut mener par la droite donnée (1,19 . 0,88), un seul répond à la question. C'est celui qui a sa trace du côté de la directrice.

Si l'on couvre le quadrilatère gauche bcgh (en plan), ou b'c'g'h' (dans l'élévation), par des droites ab, cd, ef, ... ou a'b', c'd', e'f', ... qui s'appuient sur les cotés opposés bc et gh, ou b'c' et g'h', en étant parallèles au talus intérieur, on obtient une disposition tout-à-fait propre au <u>revêtement</u> <u>en</u> <u>clayonnage</u>. Les droites ab, cd, ef, ... ou leurs correspondantes a'b', c'd', e'f', ... qu'on trouve immédiatement dans le profil, représentent les piquets autour desquels on doit <u>clayonner</u>, pour obtenir une <u>claie</u> <u>gauche</u> qui forme le revêtement exact de la joue. La droite ch se trouve remplacée par la petite courbe cqrh, lieu géométrique des rencontres des droites ab, cd, ef, ... avec le talus extérieur.

Voyez, figures (m) et (m'), le plan et l'élévation d'une joue d'embrâsure revêtue en clayonnage.

Les mêmes droites ab, cd, ef, ... indiquent aussi les emplacements successifs des <u>gabions</u> avec lesquels on voudrait revêtir une partie des joues des embrasures. C'est suivant ab, cd, ef, ... que les gabions touchent la ligne de fond gh, et le coté opposé bc. — Voyez dessus, figures (n) et (n'), le plan et l'élévation d'une joue d'emb sure revêtue en gabions — Les gabions, qui sont flexibles, se prêtent à ce gauchissement........

Si l'on couvre le quadrilatère gauche bchg par des droites mm, nn,... (voy. aussi l'élévation), qui s'appuient sur les côtés opposés bg et ch, en restant parallèles au plan de la plongée, on obtient une disposition propre 1.° au revêtement en gazon dont les droites en question figurent les joints; 2.° au revêtement en saucissons. C'est suivant ces droites que les saucissons s'appuient contre les côtés bg et ch — Ici la ligne de fond gh se trouve remplacée par la courbe gkh, lieu des points de rencontre des droites mm, nn,... avec le fond de l'embrasure.

(1/200)

La figure suivante représente le plan et le profil d'une embrasure revêtue en saucissons, et armée d'un canon établi sur sa plate-forme.

(0,01 pour 1 mètre.)

Les saucissons de la joue s'arrêtent au revêtement du talus intérieur qui n'est interrompu que par l'ouverture de l'embrasure.

13. *Tracer la projection d'une barbette pour une bouche à feu au saillant d'un ouvrage de fortification construit en terrain horizontal.*

(S)

Profil suivant AB

Dans tout profil on suppose l'observateur placé du côté des lettres indicatrices de la direction du profil.

Echelle de 0,0033 pour 1 mètre (1/300)

Données. Le saillant (S) d'un ouvrage, dont le profil AB peut aider au besoin à mieux comprendre la forme en relief — La droite cc qui divise en deux parties égales ce saillant, est la capitale. L'emplacement de la barbette en projection est donné par les chiffres suivants. *Le pan coupé* aa, de 3.^{m}30, est perpendiculaire à la capitale cc, est limité à la crête intérieure — A 8.^{m}00 vers l'intérieur, une autre perpendiculaire bb, aussi de 3.^{m}30, est élevée à la capitale — Enfin, des points b, deux perpendiculai bc sont abaissées sur la crête intérieure — La figure acbb représente l'emplacement de la barbette en plan. Il faut maintenant, 1° élever cette étendue jusqu'à 1.^{m}40 au-dessous de la crête intérieure, c'est-à-dire à la cote 18.90 2° la soutenir par des talus à $\frac{1}{1}$ (45°), et lui donner une rampe d'arrivée à $\frac{6}{1}$ et de 3.^{m}00 de largeur ; 3° détermine les droites de rencontre des talus et de la rampe avec les faces du saillant donné

(S')

(1/300)

Projection de la barbette. La vue de la figure (S') su fit, après tout ce qui a été dit sur la rencontre de deux polyèdres pour indiquer sans plans d'explications les opérations graphiques à exécuter.... — La rampe est mise en capitale.

14. Tracer la projection d'une barbette pour trois bouches à feu, au saillant d'un ouvrage de fortification dont le plan de la crête intérieure est donné par son échelle de pente.

Données : abc, trace de la crête intérieure, et (16.94. 17,50) son échelle de pente — Épaisseur du parapet 6ᵐ — Plongée $\frac{6}{1}$ — Talus intérieur $\frac{1}{3}$ — Abaissement de la banquette au-dessous de la crête intérieure 1ᵐ.40 ; largeur de la banquette 1ᵐ.20 — Talus de banquette $\frac{2}{1}$ — Talus extérieur $\frac{1}{1}$ — Il faut construire la projection des saillants.

Le terre-plein de l'ouvrage est parallèle au plan de la crête intérieure et à 2ᵐ.50 de distance verticale — Donc la droite (19,44. 20,00), divisée comme l'est la droite (16.94. 17.50), est l'échelle du terre-plein. A la rigueur, on pourrait s'en passer ; car on sait que deux points, l'un du plan des crêtes, l'autre du terre-plein, qui ont même projection, ont des cotes qui diffèrent de 2m,50......

1° Face ab. — La figure (S) qui est cotée (hauteurs et épaisseurs) s'explique d'elle-même..........

2° Face bc. — Comme pour la face ab, aux chiffres près.

La figure (S') est la projection complète du saillant sur lequel on a fait un pan coupé de 3m,30, dont les cotes des extrémités sont (17.00) et (16.96). — Elle présente aussi l'emplacement adecda qu'il faut en plan pour les trois pièces dont on doit armer le saillant : acbbca, emplacement pour la pièce du saillant (comme ci-dessus). La droite de, longue de 8m, est parallèle à bc et à 6m de distance. — Dans la supposition où les bouches à feu seraient montées sur des affûts de place, l'étendue adecda peut être tenue horizontalement à 1,50 au-dessous de l'arête (16.96. 17.00) du pan coupé.

(8m)

Projection de la barbette, de ses talus et de ses rampes.

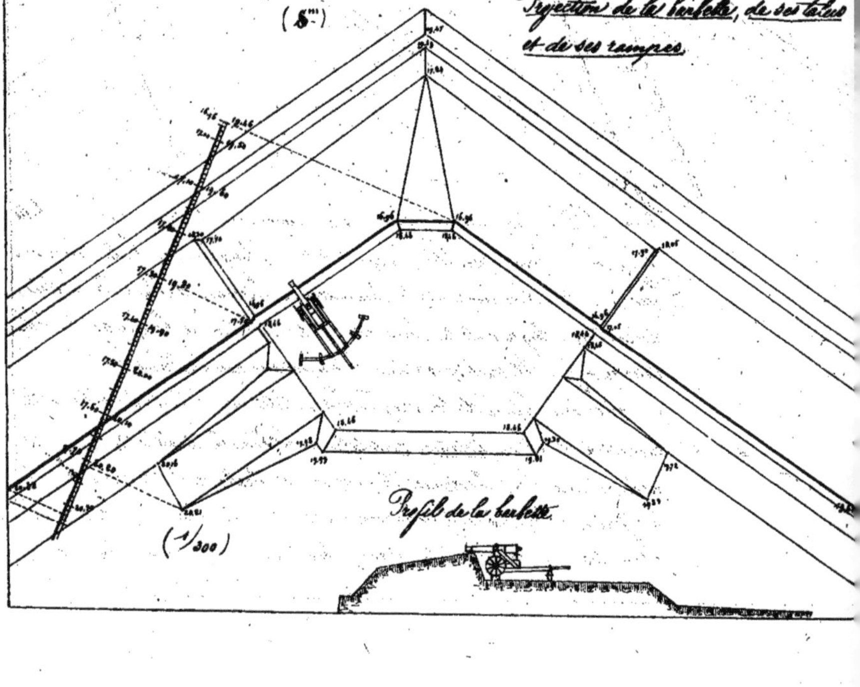

Profil de la barbette.

(1/300)

1° <u>Terre-plein de la barbette</u> — Il est à la cote 18.46, c'est-à-dire à 1,50 au-dessous de l'extrémité la plus élevée du pan coupé.

2° <u>Relèvements du parapet</u> sur toute l'étendue de la barbette — La crête est tenue à la cote 16.96 — Par cette crête passent les nouveaux plans à $\frac{6}{1}$ qui vont rencontrer les talus extérieurs suivant les droites mn (17.84. 17.70) et mn' (17.84. 17.90) — Les nouvelles plongées sont raccordées avec les anciennes par des petits talus à $^{1}/_{1}$ nopq et n'o'p'q' — De ce que l'échelle de pente n'est pas parallèle à la capitale, les résultats ne sont pas tout-à-fait les mêmes sur une face que sur l'autre — Au reste, mêmes constructions.

3° <u>Rampe de la barbette</u> — AB, échelle de pente du terre-plein du saillant — CD, celle du plan abcd incliné à $\frac{6}{1}$ — On trouve, à l'aide de ces échelles, la droite de rencontre mn (ou bc) des deux plans qu'elles représentent — On s'est servi des horizontales de mêmes cotes 19,96 et 20,06 — Le pied de la rampe doit partir d'un point b du pied du talus de la banquette.

La rencontre du talus cde ($^{1}/_{1}$) de la rampe avec le terre-plein s'obtient d'une manière tout-à-fait analogue.

La rencontre du talus (abf) ($^{1}/_{1}$) de la rampe avec le talus de la banquette se construit de la manière suivante : — Du point <u>a</u> comme centre, avec un rayon de 1,69 (différence des cotes des points <u>a</u> et <u>b</u>), tracez un arc de cercle et menez-lui la tangente <u>bc</u>. Cette droite, qui est une horizontale (20.15) et le point <u>a</u> déterminent le second talus de la rampe — Pour avoir sa rencontre <u>bf</u> avec le talus de banquette : cherchez à l'aide des trapèzes projetants le point de rencontre p des deux droites (18,46. 20.15) et (18,70. 19,80) qui sont dans un même plan vertical. La droite bp est commune aux deux plans.

4° <u>Talus de la barbette</u> — On trouve d'une manière analogue que le talus à $^{1}/_{1}$ qui passe par l'arête horizontale 18.46, rencontre le plan de la banquette suivant la droite gk, et le talus de banquette suivant la droite gf — On en déduit la rencontre af du talus de la rampe avec le talus de la barbette.

(A)

La figure (A) présente une autre disposition d'une barbette pour trois pièces : les droites qui limitent le terre-plein de la barbette sont parallèles aux faces — Il est alors essentiel, pour la facilité de la circulation, que l'extrémité de la droite d'arrivée de la rampe se trouve sur la limite xl de la barbette — Au reste, chaque rampe (6/1) doit toujours être comprise entre deux lignes de plus grande pente du plan, distantes de 3.m (largeur de la rampe); et son pied doit se trouver sur le pied du talus de banquette — Le tracé de la rampe, suivant ces conditions, est le résultat d'un tâtonnement.

B

Tracé — a point pris sur le pied du talus de banquette. On obtient sa cote à l'aide de l'échelle de pente du saillant — Du point a comme centre, avec un rayon égal à 6 fois la distance qui existe entre la cote de ce point et la cote 32,10 de la barbette, on décrit un arc qui coupe la limite latérale de la barbette au point o — Au point o, on élève à ao la perpendiculaire oo' de 3.m — Si, par hasard, le point o' tombait sur la droite xl, ce qu'on aurait réussi dans le choix du point de départ a — Cela n'étant pas, un autre point de départ b conduira à un autre point p' — Un troisième point de départ c

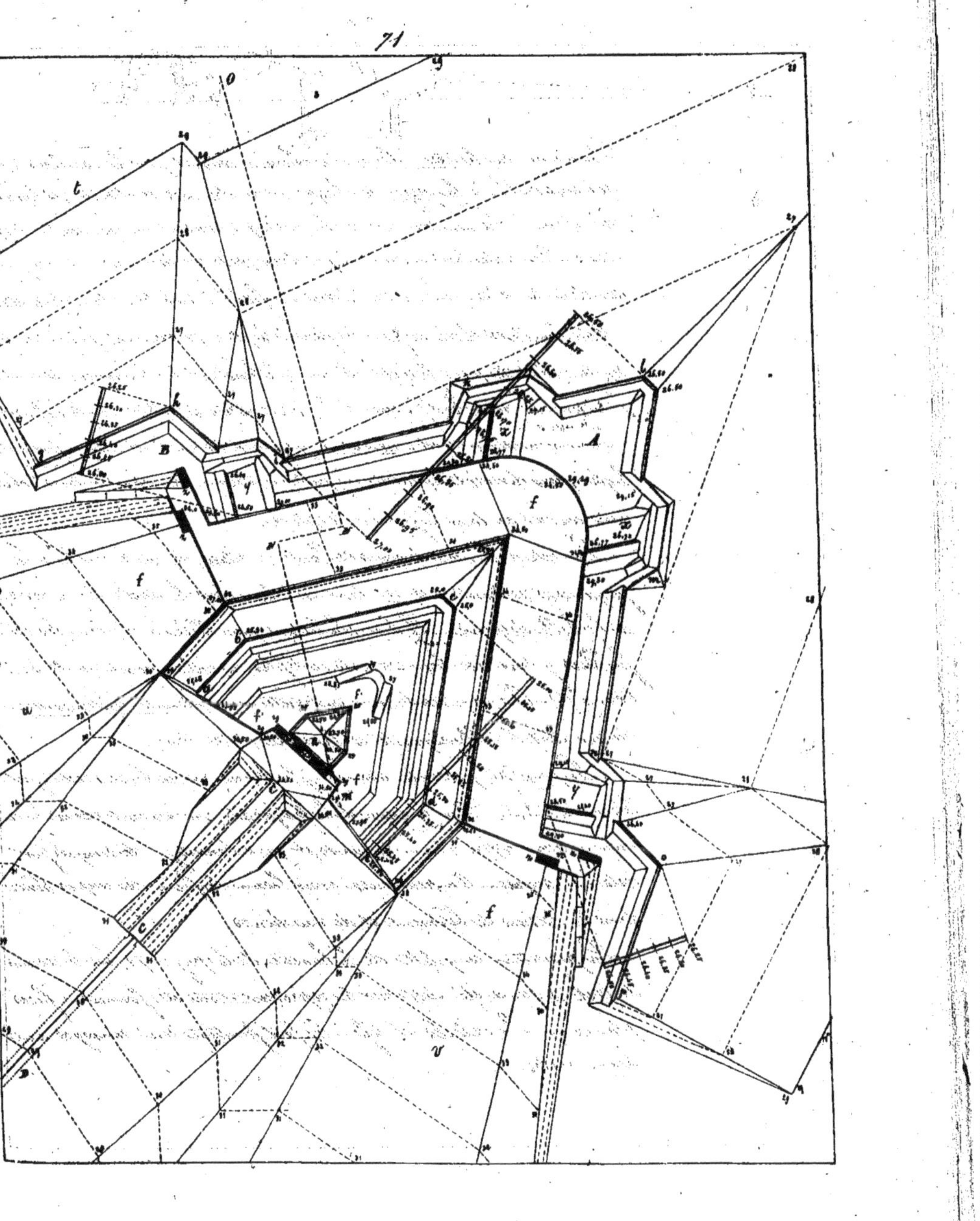

(P)

On monte sur le *terre-plein* du chemin couvert par les escaliers x, x, qui sont établis à la *gorge* de chaque place d'armes rentrante; et l'on circule dans le chemin couvert par les *passages* qui sont ménagés autour des traverses — On monte dans le fossé FFF' par deux petits escaliers construits à la gorge du réduit R — Deux rampes conduisent du fossé FFF' sur le terre-plein de la lunette.

Cette lunette est élevée au pied des glacis de la place, qui viennent finir à rien du […] son fossé; de sorte que ce fossé et l'intérieur de la lunette et du chemin couvert sont entièrement vus par les défenseurs de la place (condition importante pour la défense). La communication CC est à *ciel ouvert*, jusqu'au point où elle est assez enfoncée sous le glacis pour devenir souterraine. La partie souterraine va déboucher dans le chemin couvert ou dans le fossé de la place.

La crête de la place d'armes saillante est située, depuis le saillant C jusqu'aux rentrants i et *n*, dans un plan dont la droite, divisée (20.50. 2…) est l'échelle de pente — Le terre-plein étant parallèle à ce plan, les défenseurs y sont très-bien couverts ou défilés, en quelque point qu'ils se trouvent — Chaque place d'armes rentrante a un *plan de défilement* particulier dont l'échelle de pente est la droite (26.25. 26.50).

Le profil (P) présente un exemple d'une coupe brisée rectangulairement N,N. Dans le dessin de la fortification, on a souvent recours à ce moyen, qui n'a pas d'inconvénients, et qui a l'avantage de simplifier certaines coupes — On peut aussi avoir besoin de faire des coupes brisées dans les dessins de bâtiments et de machines.

La projection complète de la lunette de la page 71, est le résumé de tout ce qui a été dit sur la représentation des formes à faces planes — Les détails relatifs à la fortification sont renvoyés aux leçons orales.

2e Partie.

Représentation des corps terminés par des surfaces courbes.

Cône.

Formation du cône. — Le cône est un corps limité par une surface conique et par un plan — Ce plan détermine la base du cône.

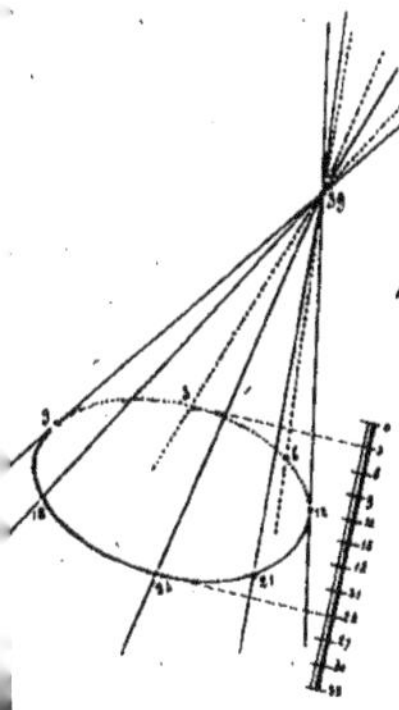

1. Surface conique — Soit l'ellipse (3.9.24.12), projection d'un cercle, et soit le point (39) pris en dehors du plan de ce cercle — joignez le point (39) avec des points du cercle donné, et vous aurez autant de positions différentes d'une droite qui, passant toujours par le point (39), se mouvrait en s'appuyant constamment sur la circonférence du cercle — Le nombre de ces droites (39.24), (39.18), (39.9), (39.3)..... est infini. Leur lieu géométrique se nomme surface conique — Le point fixe (39) est le centre de la surface, le cercle fixe en est la directrice; et les droites (39.24), (39.18).... sont autant de positions de la génératrice, ou, comme on le dit souvent, des génératrices de la surface — Cette surface se compose de deux nappes, c'est-à-dire de deux parties opposées par le centre et tournées dans des sens opposés — Lorsqu'on ne considère qu'une nappe en particulier, le centre prend le nom de sommet.

Parmi toutes les génératrices, on en distingue deux : ce sont les génératrices extrêmes, c'est-à-dire, celles qui sont tangentes à l'ellipse, qui limitent la surface, et qui en déterminent le contour dans le sens horizontal.

Les surfaces coniques se distinguent par leur directrice : Si la directrice est un cercle, une ellipse, une parabole,.... la surface conique est circulaire, elliptique, parabolique — Dans le cas où la directrice a un centre, la droite qui va de ce centre à celui de la surface, est l'axe de la surface.

Si la directrice est une courbe fermée (cercle ou ellipse), la surface conique est fermée. Si la directrice est une courbe ouverte (parabole (a) ou spirale (b), la surface conique est ouverte.

La directrice peut ne pas être plane. Suivez un chemin quelconque sur une surface conique circulaire, en marquant successivement les points (12), (24,5), (29)..... où vous rencontrez les génératrices de la surface. La courbe (12. 24.50. 29. 30,50. 36. 7,50) qui unit tous ces points d'une manière continue, est une courbe non plane, placée sur la nappe (A) de la surface conique circulaire. La courbe (40. 49, 50,50. 46. 39) en présente un autre exemple pris sur la nappe (B). Les courbes (A) et (B) sont dites à double courbure, tandis que la circonférence de cercle, l'ellipse, la spirale, ... sont des courbes à simple courbure. Joignez les différents points des courbes (A) et (B) à un point pris à volonté, et vous aurez deux surfaces coniques générales (A') et (B')

Qu'on suppose limitée à un plan, une des nappes d'une surface conique fermée: l'espace fermé de toutes parts par ces deux surfaces est un cône. Si la base est circulaire, et si l'axe du cône est perpendiculaire au plan de la base, on a un cône circulaire droit. Si l'axe n'est pas perpendiculaire à la base, le cône est circulaire oblique.

On se contente, dans la représentation du cône, de tracer sa base et son contour. Du reste, il est facile d'avoir une ou plusieurs génératrices à volonté, à l'aide de la base qu'on se donne par ses deux axes, ou mieux encore, par son échelle de pente.

2. Un cône circulaire étant donné, le couper par un plan donné.

1er cas. — *Coupe horizontale*, à la cote 40. — Tracez un certain nombre de génératrices de la surface du cône ; marquez sur chacune d'elles le point coté (40), et joignez tous ces points par une courbe continue (40.40.....) Lorsque le plan coupant rencontre toutes les génératrices de la surface, comme cela a lieu dans la figure (c), l'intersection est une courbe *fermée*, qu'on nomme *ellipse*. Les deux points de la courbe qui se trouvent sur les génératrices du contour, sont essentielles à trouver ; car elles indiquent les points de passage de la partie vue à la partie cachée.

La figure (c') représente un *cône tronqué* plein.

2e cas. *Coupe verticale*, par le plan xx. — L'élévation (d'), faite sur un plan parallèle au plan coupant, montre la coupe suivant sa vraie grandeur. — On voit d'après la forme de cette coupe que le cône donné (d) est creux et ouvert sur sa base. — D'un autre côté, la section est une courbe ouverte, parce que le plan coupant se trouve être parallèle à une génératrice de la surface du cône. Dans le cas de la figure (d), il est parallèle à la génératrice (16.50) du contour. — Cette courbe ouverte est une *parabole*.

3e cas. — *Coupe oblique*, par le plan (P). — Tout consiste à construire la rencontre d'un certain nombre de génératrices du cône avec le plan donné......

Le plan (P) a été pris *parallèle* aux deux génératrices (35.28) et (35.28) ; d'où il résulte qu'il rencontre les deux nappes de la surface du cône, chacune d'elles suivant une courbe qui est une *branche* d'une seule et même *courbe*. Cette courbe à deux branches est l'*hyperbole*......

4e cas. Si le plan coupant était *parallèle à la base*, le résultat serait un tronc de cône (e), à bases circulaires.

5e cas. Enfin, si le plan passait par le sommet du cône, le résultat serait un triangle (28.10.28); parce que tout plan passant par le sommet ne peut rencontrer la surface conique que suivant deux génératrices.

Lorsque les deux génératrices viennent à se réunir en une seule, par suite d'un certain changement de position du plan coupant autour du sommet, ce plan n'a plus de commun avec la surface qu'une seule génératrice; alors on dit qu'il touche le cône suivant cette génératrice, ou qu'il lui est tangent. — Ainsi le plan (P) coupe la surface suivant le triangle asb, et la base suivant la droite ab; le plan (P') coupe suivant a'sb' et a'b' (a'b' parallèle à ab); le plan (P'') coupe suivant a''sb'' et a''b'' (a''b'' parallèle à ab). Enfin, lorsque les deux points a et b, a' et b', a'' et b''...... se sont réunis en un seul a''', le plan (P''') est un plan tangent à la surface conique, suivant la génératrice de contact sa'''.

Le plan tangent rencontre le plan de la base suivant une droite a'''t tangente à l'ellipse. Cette tangente et la génératrice de contact déterminent le plan tangent.

On nomme sections coniques, l'ensemble des lignes qu'on peut obtenir en coupant la surface d'un cône circulaire par un plan: le cercle, l'ellipse, la parabole, l'hyperbole et deux droites concourantes (cas particulier de l'hyperbole), sont les sections planes du cône.

3. Représenter un cône par des sections horizontales équidistantes.

Toutes les sections faites dans un cône par des plans parallèles sont des courbes semblables, de même que dans une pyramide les sections parallèles sont des polygones semblables.......

(a) (b) (c) (d) (e)

Les figures (a), (b), (c), (d) représentent des sections faites dans un cône circulaire — Fig. (a). sections circulaires dans un cone droit et vertical — Fig (b), sections elliptiques — Fig (c), sections paraboliques — Fig (d), sections hyperboliques Fig (e). Cas où le cône est quelconque — On voit, d'après la nature des sections, que ce cône n'est pas convexe.

On doit voir immédiatement qu'il est très facile d'avoir la cote d'un point m compris entre deux sections horizontales, on peut recourir au petit trapèze projetant (6.8.8'.6'), ou chercher le rapport de la distance 68 à la distance 6m ....

4. Un cône étant donné, lui mener un plan tangent.

1° Plan tangent suivant une génératrice donnée (25-30) —

Au point (30) menez la tangente (30.45) au contour de la base — Le plan (25.30.45) est le plan demandé.

2° Plan tangent passant par un point extérieur donné (30) — La droite (25-30) appartient nécessairement au plan demandé — Cherchez le point (35) où cette droite perce le plan de la base. Par ce point, menez les deux tangentes (35.34) et (35.16) au contour de la base. Le plan (25.34.35) et le plan (25.16.35) passent par le point donné et touchent la surface le premier suivant la génératrice

(25.34), le second suivant la génératrice (25.16)

3° Plan tangent parallèle à une droite donnée (5.0).

La droite (25.15), parallèle à la droite donnée, appartient nécessairement au plan demandé — Cherchez le point (15) où elle perce le plan de la base, et par ce point, menez les tangentes (15.29) et (15.10,50) à la base — Les plans (25.29.15) et (25.10,50.15) sont les deux plans tangents........ (x)

Application. Supposez que la droite de parallélisme (15.0) soit la direction d'un faisceau de rayons lumineux parallèles — Alors les deux tangentes mt et mt' à l'ellipse de base, représentent la limite de l'ombre portée par le cône sur le plan de projection, et les génératrices de contact sont des séparations d'ombre et de lumière — Voyez les figures (a) et (b).

Considérez le cône comme une pyramide d'une infinité de petites facettes, recevant chacune une teinte plus ou moins foncée selon la manière dont elle est éclairée — L'ensemble de ces teintes produira l'effet que représentent les figures (c) et (d). Le cône étant ainsi assimilé à la pyramide, tout ce

(a) (b) (c) (d)

(x) Les constructions qui précèdent supposent qu'on sait mener une tangente à l'ellipse.

1° Tangente à mener par le point m de l'ellipse amb. Cette ellipse peut être regardée comme la projection d'un cercle d'un rayon égal au grand axe ab — Donc si l'on décrit une circonférence am"b sur ab comme diamètre, cette circonférence sera le rabattement, autour de ce diamètre, du cercle en relief — Le point m" situé sur la perpendiculaire mp à ab, sera le rabattement du point m, et la tangente m"x sera le rabattement de la tangente au point m — Donc la droite mx est la tangente demandée...... L'angle mpm" mesure la pente du plan du cercle en relief.

2° Tangente à mener par un point extérieur o — Rabattez le point o en o" en même temps que le cercle; menez la tangente o"t", et relevez le tout.........

qui a été dit sur la pyramide, à propos de développements, d'effets d'ombre et de lumière, et de perspective, s'applique au cône.

Cylindre.

<u>Formation du cylindre</u>. Le cylindre est un corps limité par une <u>surface cylindrique</u> et par deux plans parallèles entre eux — Ces plans déterminent les <u>bases</u> du cylindre.

5. <u>Surface cylindrique</u>. Soit l'ellipse (0.6.17. etc.), projection d'un cercle — Menez par des points de ce cercle des droites (0.10), (6.16), (17.27), (21.31), ..., parallèles entre elles, mais suivant une direction arbitraire; vous aurez autant de positions différentes d'une droite qui, en se mouvant parallèlement à elle-même, s'appuyera sur la circonférence du cercle donné — Le nombre de ces droites est infini. Leur <u>lieu géométrique</u> se nomme <u>surface cylindrique</u> — La droite (d.d1) à laquelle elles sont toutes parallèles, est la <u>droite de parallélisme</u>.

La surface cylindrique n'est qu'un cas particulier de la surface conique. C'est le cas où le <u>centre</u>, après s'être éloigné successivement de la directrice, est arrivé à une distance plus grande que toute grandeur donnée, ou comme on dit pour abréger, <u>à l'infini</u>. En un mot, une surface cylindrique est une surface conique dont le centre est à l'infini sur chacune des génératrices — Les deux nappes se confondent en une seule — Tout ce qui a été dit sur la surface conique s'applique donc à la surface cylindrique — Les sections cylindriques sont les mêmes que les <u>sections coniques</u>, à l'exception de celles qui disparaissent par suite de la modification que la surface a subie — On trouve le cercle et l'ellipse; mais plus de parabole, ni d'hyperbole — Le système des deux droites parallèles (cas particulier de l'ellipse) remplace celui des deux droites concourantes dans le cône............

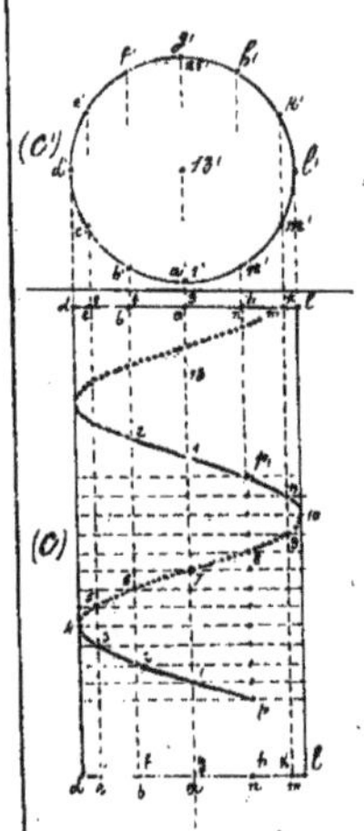

<u>Application</u>. Comme sur un cône, on peut tracer sur un cylindre une infinité de courbes à double courbure. Il en est une qu'il convient de définir et de représenter, parce qu'elle est d'un très grand usage, et que, d'ailleurs, elle est facile à comprendre. C'est l'<u>hélice cylindrique</u>.

Soit le cylindre horizontal (C) dont l'axe est coté (13), et soit (C') son élévation sur un plan perpendiculaire à l'axe. Tracez sur sa surface une suite de génératrices équidistantes entre elles, 12 par exemple a', b', c', d', ... sur l'élévation ; et aa, bb, cc, dd, ... sur le plan. En plan, une même projection répond à deux génératrices en relief, excepté pour les génératrices du contour.

Cette première disposition faite, prenez sur l'une des génératrices (hh par ex.) un point p à volonté, et un autre point p_1, aussi à volonté. Divisez la distance pp_1 en 12 parties égales.

Cette seconde disposition faite, supposez que le point p, devenu mobile, se soit transporté, sans quitter la surface du cylindre et d'un mouvement continu, de la génératrice hh à la suivante gg, et en s'avançant d'un 12me de la distance pp_1. Il arrivera ainsi dans la position 1. De la position 1, il pourra arriver d'une manière analogue à la position 2, puis de la position 2 à la position 3, et ainsi de suite. Le lieu géométrique de toutes les positions que prend un point qui tourne sur une surface cylindrique, tout en s'avançant parallèlement à l'axe de la surface, se nomme <u>hélice cylindrique</u>. Cette courbe est évidemment à double courbure et infinie. On l'appelle quelquefois <u>courbe rampante</u>. La distance pp_1 est le <u>pas de l'hélice</u> ; c'est le chemin rectiligne parcouru par le point mobile, après une <u>révolution</u>, c'est-à-dire, après qu'il est revenu sur la génératrice de départ. L'élément de la courbe comprise entre les deux extrémités du pas, se nomme spire. Le rayon du cylindre est le <u>rayon de l'hélice</u>. L'hélice est <u>régulière</u>

lorsque le mouvement de rotation et le mouvement de translation se font ensemble suivant les mêmes parties aliquotes de la circonférence de la base et du pas. Elle est *irrégulière*, lorsque ce rapport n'est pas constant.

L'inclinaison de l'hélice est exprimée par le rapport d'une partie aliquote du pas à la même partie aliquote de la circonférence de la base (1/2 du pas à 1/2 de la base, par exemp.) — Elle augmente ou diminue avec le pas, le rayon étant constant...... — Dans le cas où l'axe est vertical, l'inclinaison est une *pente*. Alors, comparant l'hélice régulière dont l'inclinaison est constante, à un talus, on dit une *hélice douce*, *rapide*, *moyenne*..... Cette inclinaison est en effet constante, car si on développe sur un plan le cylindre sur lequel elle est tracée, elle se transforme en une droite.

On pourrait, en opérant d'une manière analogue, former sur le cône une courbe rampante analogue à l'hélice cylindrique : on aurait alors une *hélice conique*........

Dans les arts et dans les objets de la nature, on rencontre beaucoup de formes qui sont basées sur les hélices...........

6. Représenter un cylindre par des sections horizontales équidistantes.

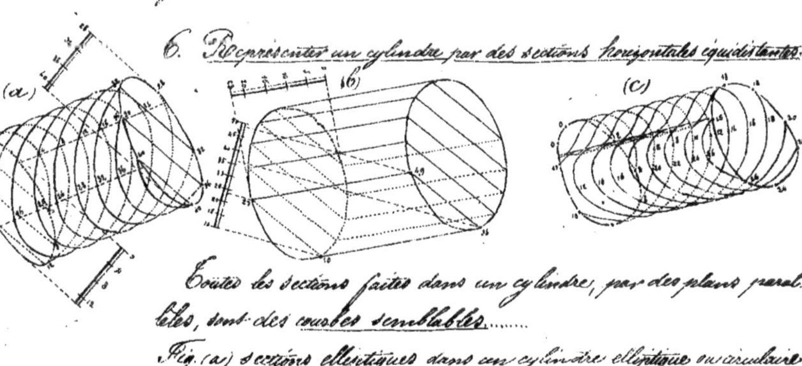

Toutes les sections faites dans un cylindre, par des plans parallèles, sont des *courbes semblables*........

Fig. (a) sections elliptiques dans un cylindre elliptique ou circulaire.

Fig (b) sections rectilignes — Fig (c) sections dans un cylindre quelconque, non convexe.

(b). Les sections ne sont pas horizontales.

7. Un cylindre étant donné, lui mener un plan tangent.
Mêmes méthodes que pour le cône.

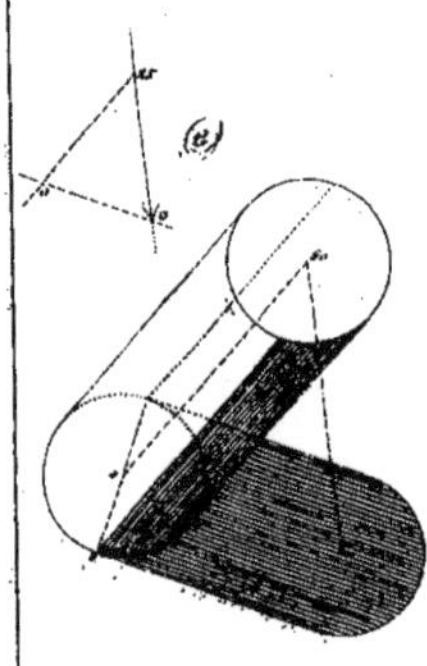

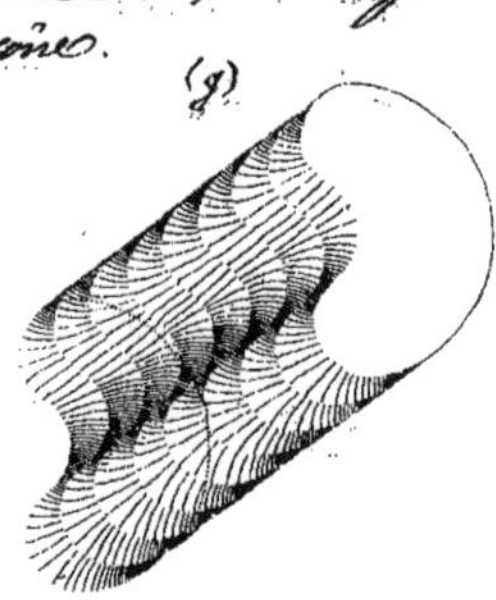

Application. Le cylindre est un prisme dont la surface se-rait formée d'une infinité de petites facettes planes, auxquelles, dans la pratique du dessin, on donne des dimensions finies. Pa[r] suite de cette assimilation, tout ce qui a été dit sur le prisme, [à] propos de développements, d'effets d'ombre et de lumière, et de perspective, s'applique au cylindre. — Les figures (e) et (f) en [pré]sentent des exemples.

La fig. (g) montre, comme objet de comparaison, un cy-lindre représenté par des lignes de plus grande pente. Ces ligne[s] qu'on suppose tracées sur l'élément courbe que comprennent en[tre] elles deux sections consécutives, ne peuvent plus être des droi[tes] comme cela a lieu dans les polyèdres. Ce sont de petites portion[s] de courbes perpendiculaires à la fois à la section inférieure et [à] la section supérieure.........

Surfaces de révolution.

8. Un point étant donné, le faire tourner circulairement autou[r] d'un axe horizontal (20.20), et trouver sa projection cotée, après qu'il a décrit un arc donné (α).

La projection du point (33) après le mouvement fait, doit ...

trouver sur la perpendiculaire indéfinie (20.33) à l'axe. — Qu'on cherche la vraie grandeur (20.33') du rayon de l'arc que décrit le point (33); cet arc rabattu autour de son diamètre horizontal, viendra en (33'.35'); l'angle 35'.20.33' étant égal à l'angle donné, qu'on relève cet arc, et le point (35) sera la projection du point (33) après son mouvement. — La droite (35.33) sera la projection de l'arc. — Cette solution est une conséquence toute simple du mouvement de charnière qu'on a déjà traité. — La droite CC (20.20) représente le diamètre horizontal de la circonférence que le point (33) décrirait après une révolution. — Il serait facile de marquer sur cette circonférence un certain nombre de positions du point mobile. Ainsi la figure ci-à côté représente huit positions séparées par des arcs égaux, partant de la position première (33) du point mobile.

Cas où l'axe n'est pas horizontal. — (30.60) l'axe donné; (45) le point mobile. — Construisez l'échelle de pente (30.60) du plan (45.30.60). Rabattez ce plan et menez la perpendiculaire (45".49") à l'axe rabattu (30.60"). — Relevez le point (49"); le point (49) est le centre du cercle que décrit le point (45), et la droite (45.49) en est le rayon. — Rien de plus simple que de tracer l'ellipse (abc), projection du cercle lui-même. — Si l'on voulait avoir plusieurs positions du point mobile, on se les donnerait en rabattement, après quoi, on les relèverait.......

9. Construire le lieu géométrique de toutes les positions que peut prendre une ligne qui tourne circulairement autour d'un axe donné.

1° Cas où l'axe est horizontal (20.20). — La ligne donnée (20.20.20...) représente le profil du bouton de culasse d'un canon de siège de 16 au 5ème. — La vue de la figure suffit pour démontrer comment, de la position de départ aaa.... on arrive à la position bbb...., après que chacun des points a décrit un arc de 30°. — La courbe ccc.... est la position de la courbe mobile après un arc de 60 degrés.... &c.— L'ensemble de toutes ces positions forme une surface de révolution, dont la droite (20.20) est l'axe, et dont la courbe aaa... est la génératrice.... Toutes les courbes aaa...., bbb...., ccc...., qui sont dans un même plan avec l'axe, sont autant de courbes méridiennes ou simplement des méridiens. — Les cercles, tels que abc...... qui sont tous perpendiculaires à l'axe et par conséquent parallèles entre eux, sont des parallèles.......

On appelle corps ou solide de révolution, tout corps terminé par une surface de révolution fermée de toutes parts, ou par une surface de révolution et par des plans perpendiculaires à l'axe. La sphère qu'engendre une demi-circonférence de cercle abc tournant autour d'un de ses diamètres comme axe; l'ellipsoïde qu'engendre une moitié d'ellipse tournant autour d'un de ses axes; le bouton de culasse d'un canon;.... sont autant de corps de révolution. — Ces corps sont ceux que les tourneurs exécutent sur leur tour.

La génératrice peut être une courbe quelconque, plane ou non plane; rien ne change dans les constructions..... (exercices)

La génératrice peut être une droite. — La surface enveloppe alors un cône ou un cylindre de révolution, selon que la génératrice rencontre l'axe, ou qu'elle lui est parallèle. — Le cône et le cylindre de révolution ne sont autre chose que le cône et le cylindre circulaires droits.

Lorsque la génératrice ne rencontre pas l'axe, sans lui être parallèle, la surface engendrée par elle enveloppe un hyperboloïde de révolution. (exercices).

2° Cas où l'axe est quelconque (20.37). On suppose que la génératrice est le profil du bouton de culasse précédent, que ce profil passe par l'axe et par le point (40). Tout consiste à construire d'abord le profil qui passe par le point (40), ce que l'on sait faire par rabattement. On construit ce profil, après qu'il a décrit un arc donné, de 30 par exemple....... &c.

Une surface de révolution peut être représentée de deux manières: comme lieu géométrique de toutes les positions de la génératrice, fig. (A); ou comme lieu géométrique des cercles décrits par tous les points de la génératrice, fig. (B). Dans l'un ou l'autre cas, la courbe tangente à toutes ces positions détermine le contour horizontal de la surface.

10. Un corps de révolution étant donné, le couper par un plan donné.

1° Coupe horizontale, à la cote (28). Il suffit de chercher sur chacun des parallèles de la sphère creuse (a), le point coté (28). Mais la surface de la sphère a la propriété de ne pouvoir être coupée par un plan que suivant un cercle. Donc on n'a besoin que de trouver le rayon de la section, ce qui est facile à l'aide du parallèle principal ou équateur ......

2° Coupe verticale, par le plan xx. Il suffit de coter les points où les parallèles de la surface rencontrent le plan xx. Pour avoir la section dans sa vraie grandeur, il suffit d'en faire une élévation parallèle au plan xx....... fig (b).

3° Coupe oblique, par le plan (P). Le corps donné est un ellipsoïde à axe horizontal (25.25) :-

1° Points situés sur le contour horizontal : Ils sont à la rencontre de l'horizontale (25.25) et de l'ellipse de contour qui est elle-même coté (25) — 2° Point le plus haut (h), et point le plus bas (b) : on les obtient directement en faisant une section parallèle à l'échelle du plan coupant, et passant par le centre de l'ellipsoïde — 3° Points situés sur un parallèle aa, par exemple : le plan de ce parallèle rencontre le plan (P) suivant la droite (16.36). Cette droite et le cercle vertical lui-même se rencontrent (voyez le rabattement) suivant deux points (20) et (30,50) qui appartiennent à la courbe cherchée.

Constructions analogues pour un autre parallèle — Le résultat est l'ellipsoïde tronqué (A)

Cas général. C'est celui où l'axe du corps et le plan coupant sont quelconques. (Exercices).

11. Représenter un corps de révolution par des sections horizontales équidistantes.

1° Cas où l'axe est horizontal — Voyez l'ellipsoïde de la figure (m) — L'élévation (m) donne les petits axes des sections, et l'élévation (m') donne les grands axes....... Entre le plan coté (34) et le sommet (36) on a fait une section intermédiaire qui sert à mieux établir la continuité.

2° Cas où l'axe est quelconque — Soit (o) le pied de l'axe, l'angle 32.0.32' sera l'inclinaison de cet axe sur le plan horizontal, et par suite sur tous les plans coupants — Rabattez le corps autour de la ligne (o.o) comme charnière — Construisez en rabattement la section du corps par un plan incliné sur l'axe suivant un angle égal à (32.0.32'), puis par une suite de plans parallèles à celui-là et équidistants — Cela fait, relevez le corps dans sa position primitive, et toutes les sections tracées sur la surface.....(Exercices).

On a plus tôt fait de recourir à une élévation parallèle à l'axe, ou qui veut dire la même dire la même chose, de rabattre le corps autour de la trace du trapèze projetant de l'axe, comme charnière; d'y tracer les plans coupants équidistants.... &c. (Voyez le plan (r) et l'élévation (r') du bouton de culasse d'un canon) — Pour que cette représentation fût suffisamment exacte, il faudrait un plus grand nombre de sections. Cet exemple montre qu'il y a des formes et des positions de corps qui se prêtent peu à ce moyen de représentation. La même observation s'applique au cas où l'on substitue aux courbes horizontales les lignes de plus grande pente pente qui peuvent être tracées sur la surface, de l'une à l'autre courbe.

Exemples de corps représentés par l'ensemble de lignes de plus grande pente: — (a) sphère — (b) cône de révolution à axe vertical. Il y a beaucoup de ressemblance entre ces deux corps, toutefois on ne devrait les confondre. Sur le cône, l'écartement horizontal des courbes est constant; sur la sphère, il va en augmentant, de l'équateur au pôle — (c) autre cône à axe incliné — (d) ellipsoïde de révolution, dont l'axe est quelconque — Ces formes se prêtent assez bien à ce genre de représentation.

Il est presque inutile de répéter que les lignes qui doivent partir perpendiculairement d'une courbe, et arriver perpendiculairement sur celle qui la suit immédiatement, ne peuvent plus être des droites. Cela ne serait que si les sections étaient extrêmement rapprochées.

12. Un corps de révolution étant donné, lui mener un plan tangent.

Soit un corps de révolution (E), et un plan (P) qui ont un point commun (M); — si on coupe le corps et le plan par une suite de plans passent tous par le point (M), on aura, d'une part, une suite de courbes AA, BB, CC, DD..., et de l'autre, une suite de droites correspondantes aa, bb, cc, dd, ... — Si, dans chaque plan coupant, la droite est tangente à la courbe au point M, le plan qui contient toutes ces tangentes, est un *plan tangent* à la surface du corps. C'est ce qui arrive lorsqu'on pose un boulet, un oeuf, une bille, ... sur une table bien dressée. Le plan de cette table est tangent à la surface de ces corps — On voit que le contact dans les surfaces de révolution n'est pas aussi étendu que dans les surfaces coniques ou cylindriques. Il s'y réduit à un point, tandis que dans ces dernières, il a lieu suivant toute une génératrice droite.

Un plan étant donné par deux droites qui se coupent, on se contente, dans la pratique du dessin, de construire les tangentes à deux sections différentes, pour déterminer le plan tangent en un point donné; et comme on est libre de choisir, on prend pour sections la *méridienne* et le *parallèle* qui passent par le point donné.

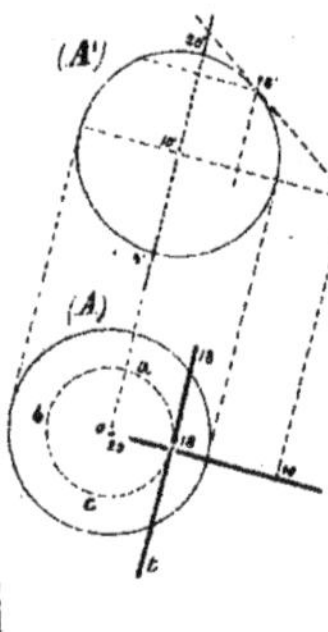

13. *Plan tangent en un point donné (18) d'une surface* — (*axe vertical*)

1re tangente. Tracez (fig. A) le parallèle 18abc du point (18), et menez la tangente (18.t) au point (18) — Cette droite (18.t) est horizontale.

2e tangente. La section méridienne du point (18) est dans le plan vertical (0.18.10) — Projetez cette section sur un plan vertical parallèle au plan (0.18.10) (fig. A'), et menez-lui la tangente (18'.t') — Cette tangente va rencontrer le plan d'un des parallèles, de l'équateur, par exemple, en un point (10') qui sert à déterminer le point (10) — La seconde tangente est la droite (18.10). On pourrait aussi se servir du point où elle va rencontrer l'axe vertical — Le plan tangent est celui des deux droites (18.18) et (18.10) — La figure (B) le présente limité.

Constructions tout-à-fait analogues dans le cas où l'axe est ho zontal. (Exercices)

14. *Plan tangent par un point extérieur* (50). — Il y a évidemment une infinité de solutions, car un plan peut, sans cesser de passer par le point (50), *rouler* sur l'ellipsoïde de la figure (a). — A chaque position du plan il répond un plan tangent, un point de contact et une tangente à la surface du corps. Cette tangente joint le point de contact au point donné. — Le *lieu* de toutes ces tangentes est une surface conique qu'on nomme *cône tangent* à la surface de l'ellipsoïde. Le lieu des points de contact des tangentes est la *courbe de contact* de ce cône. — Lorsque le point extérieur se trouve sur l'axe (fig. a), la courbe de contact est un parallèle que l'on obtient en menant par le point donné deux tangentes à l'ellipse de contour. — Deux surfaces qui ont ainsi de commun une courbe suivant laquelle tous les plans tangents à l'une sont tangents à l'autre, *se raccordent*, c'est-à-dire qu'on peut passer de l'une à l'autre sans *ressaut*.

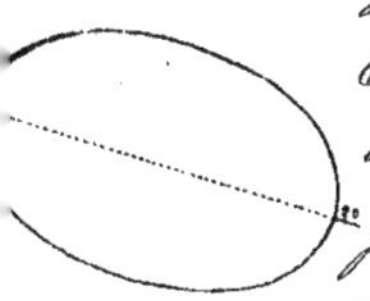

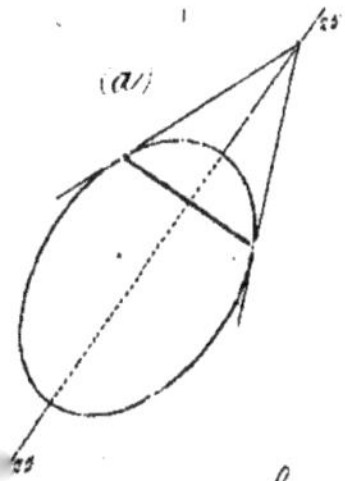

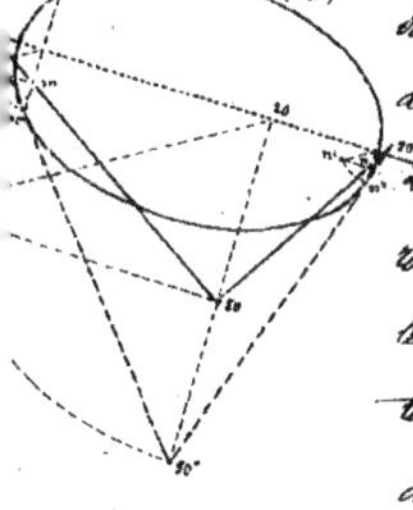

1° *Points situés sur le contour de la surface.* — Parmi tous les plans tangents qui répondent à la question, il en est deux qui sont verticaux et qu'on peut obtenir immédiatement, en menant deux tangentes (50.t) à l'ellipse de contour. — Les points de contact (20) de ces tangentes sont donc deux points de la courbe de contact. — Ils sont à la séparation de la partie vue et de la partie cachée de la courbe de contact. Celle-ci et l'ellipse de contour doivent se toucher en ces points.

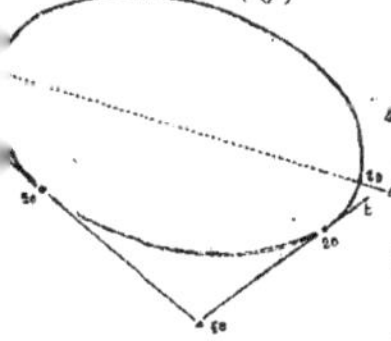

2° *Points situés dans le plan méridien du point donné.* — Il suffit de rabattre le plan (50.20.20) autour de l'axe comme charnière, de mener les tangentes à l'ellipse méridienne rabattue, de relever les points de contact. — Résultat : les points (m) et (n) qui sont les points les plus éloignés dans le sens de l'axe ; de sorte que si l'on mène par ces points deux perpendiculaires à l'axe, on aura les deux limites entre lesquelles la courbe de contact sera comprise ; c'est-à-dire qu'elle sera tangente en (m) et (n) à ces droites limites.

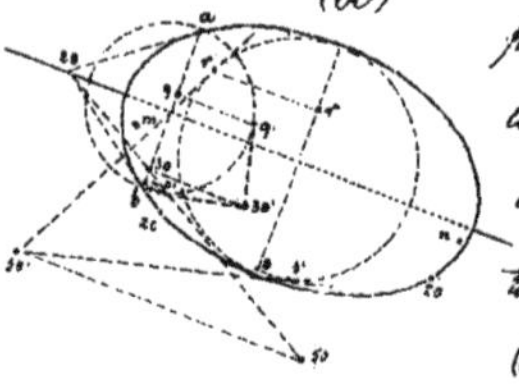

3° Points situés sur un parallèle donné. — Le parallèle ab, compris entre les limites trouvées tout-à-l'heure. — Ayez recours au cône (20. ab), dont le sommet est sur l'axe et qui est tangent à la surface suivant le parallèle ab ; tout plan tangent à ce cône sera tangent à l'ellipsoïde. — Menez la droite (20. 50), et cherchez la cote (30) de son point de rencontre avec le plan du parallèle donné ; par ce point, menez deux tangentes au cercle du parallèle : les points de contact (p) et (q) appartiennent à la courbe cherchée. — La figure (d) représente l'opération exécutée par rabattement.

(d)

(e)

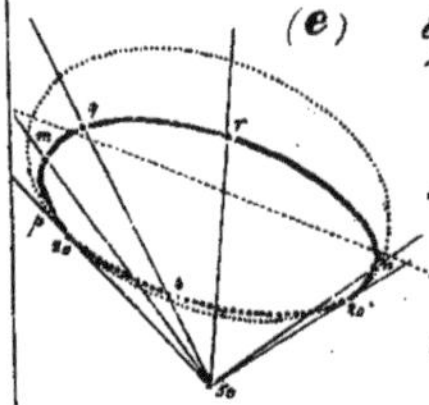

Dans le cas où le parallèle donné est l'équateur, le cône auxiliaire devient un cylindre, et la droite des deux sommets (20. 50) devient une parallèle (50. 50) à l'axe. — Du reste, même construction. — (r) et (s) les points de contact situés sur l'équateur.

Résultat définitif. La courbe (20. n. r. q. m. p. 20. s) directrice de la surface conique qui a son sommet au point (50). Cette surface enveloppe entièrement l'ellipsoïde.........

Application. Supposez que le point (50) soit la position de l'œil d'un observateur : la courbe de contact sera ce que l'on appelle le contour apparent du corps, ou bien la séparation de la partie vue et de la partie cachée pour cet observateur. — Coupez le cône tangent par un plan vertical quelconque ; construisez la vraie grandeur de la section, et vous aurez la perspective du corps, moins les détails qui pourraient exister sur la surface. — Ces détails se construisent séparément.

15°. Plan tangent parallèle à une droite donnée. — Encore une infinité de solutions, car un plan peut, sans cesser d'être parallèle à une droite fixe, dite de parallélisme, rouler sur la surface du corps. — Il en résul-

alors un cylindre tangent à la surface du corps, suivant une courbe de contact........

1° Points situés sur le contour de la surface _ Ce sont les points de contact (15) des deux tangentes (15'-b) menées à l'ellipse du contour, parallèlement à la droite de parallélisme (20.7)...... fig(a).

2° Points situés dans le plan méridien (15.15'.2), parallèle à la droite (20.7) _ On a recours aux rabattements...... ce sont les points (m) et (n), qui sont les points extrêmes de la courbe de contact........

La fig. (a) montre l'ensemble des constructions.

3° Points situés sur un parallèle donné ab. On a recours au cône tangent suivant ce parallèle..... les points (x) et (y) sont les points demandés..... fig(b) _ La même figure indique la construction des points (u) et (v) situés sur l'équateur.

Résultat définitif (fig. c). La courbe 15.y.v.n.15.u.x) directrice de la surface cylindrique parallèle à la droite (20.7) _ Cette surface enveloppe entièrement l'ellipsoïde......

Application. Supposez que la droite de parallélisme (20.7) représente la direction d'un système de rayons lumineux parallèles, et vous avez, par la courbe de contact du cylindre tangent, la ligne de séparation de la partie éclairée et de la partie ombrée, ou la ligne de séparation d'ombre et de lumière. fig(d)

Construisez la courbe d'intersection du cylindre de contact ou cylindre d'ombre avec le plan de projection, et vous aurez la limite de l'ombre portée par le corps sur ce plan..... fig(d)

Quant à la détermination des demi-teintes, on y arrive facilement et avec assez d'exactitude, en assimilant la surface de révolution à une suite de petits cônes tronqués ayant leur bases sur les parallèles de la surface (fig e), et en remarquant comment la lumière se comporte sur chacun de ces cônes. — L'effet total de l'ombre et des demi-teintes est représenté par la figure (F)........

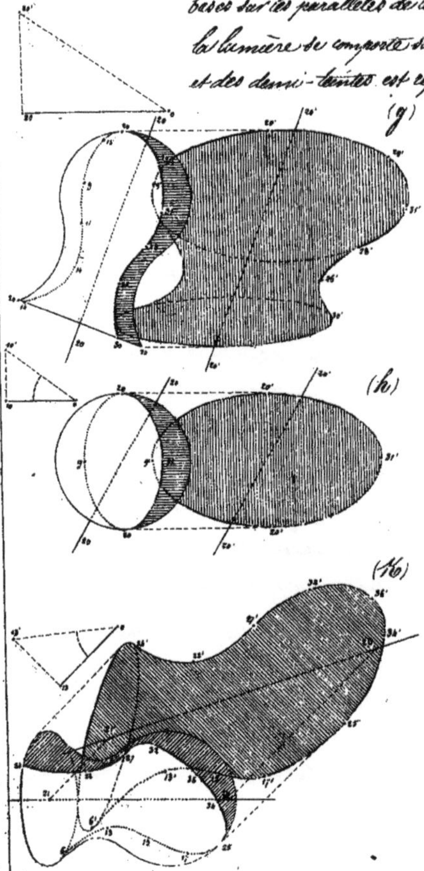

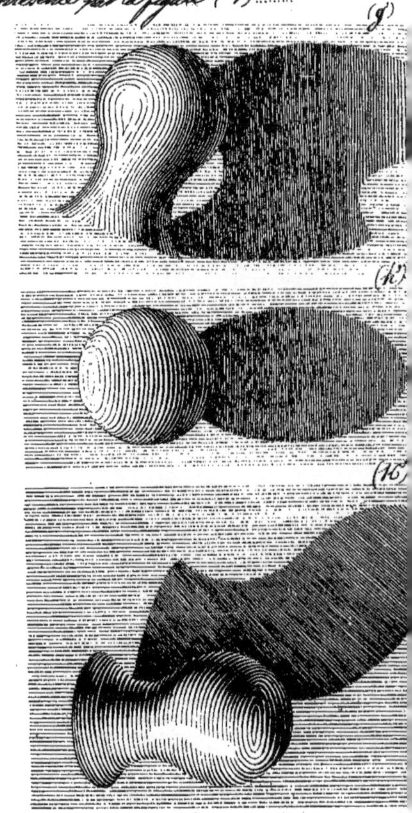

(g)

(g)

(h)

(h)

(k)

(k)

Fig (g). Autre exemple exécuté sur le bouton de culasse d'un canon

Fig (h). — Sphère. — C'est celle qui termine le bouton de culasse.

Si l'on voulait avoir ces corps dans une position quelconque, il suffirait de relever le rayon de lumière, base, les <u>parallèles</u> et la courbe de contact q les rencontre, et de déterminer la nouvelle ombre portée par le corps après son changement de position — Voyez la figure (Ko).

Le contour des *hachures* sur les surfaces coniques, cylindriques, ou de révolution, éclairées par une lumière à rayons parallèles, n'est pas indifférent. Il convient, si l'on veut qu'elles accusent bien la forme de ces surfaces, de les tracer suivant une de leurs sections planes. C'est ainsi qu'on doit faire des hachures elliptiques, paraboliques ou hyperboliques, ou à peu-près telles, sur le cône et sur le cylindre. Des génératrices rectilignes font bon effet sur le cylindre; sur le cône elles sont presque impraticables. C'est ainsi qu'on a fait des hachures elliptiques sur l'ellipsoïde, sur la sphère et sur le bouton de culasse (figures g', h', K')......

Dans la représentation des surfaces, des surfaces courbes surtout, le *croisement des hachures* est nécessaire pour produire des effets qu'il est extrêmement difficile d'obtenir avec un seul système de lignes. La ressource qu'on a de grossir le trait, plus ou moins selon qu'on veut faire ressortir une séparation d'ombre et de lumière ou une demi-teinte, est le plus souvent insuffisante. Le système de lignes des figures (g', h', Ko') n'est en quelque sorte qu'un premier travail sur lequel on revient par des hachures croisées convenablement pour faire ressortir le caractère particulier de la courbure de chaque surface. Les figures suivantes montrent quelques exemples d'un genre qui demande du goût et de l'étude.

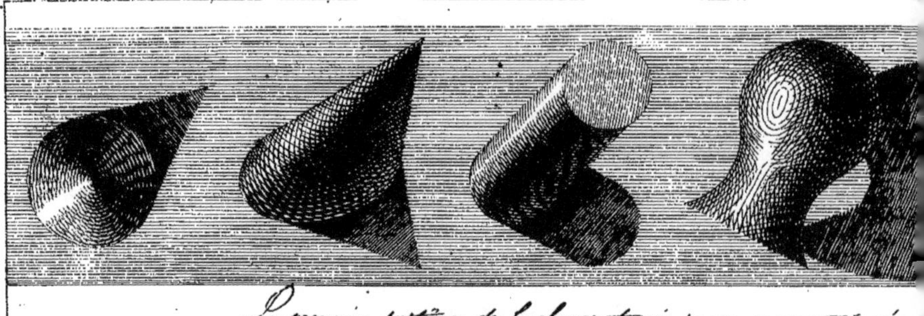

Le premier système de hachures, tracés sur une projection, répon
à une teinte analogue à celles qu'on étend avec le pinceau dans
le dessin au lavis. Un second système, croisé sur le premier, produi
une seconde teinte dont l'effet se combine avec celui de la première. Un troisième système, croisé sur les deux premiers, produit une
troisième teinte qui suffit ordinairement pour arriver à l'effet qu
l'on désire. Rarement on a besoin de recourir à une quatrième
teinte. Les figures précédentes offrent des exemples de ces différents travaux.......

Dans les estampes gravées, les hachures sont produites par les tailles que les graveurs creusent dans le cuivre avec le burin..

16. Plan tangent mené par une droite donnée _ Deux plans peuvent toucher un ellipsoïde (E) et passer par une droite donnée ab _ Ces plans font nécessairement partie, 1° de ceux qu'o peut mener par le point a de la droite ab, et qui forment une surface conique tangente suivant la courbe mpqn; de sorte que les points de contact des deux plans cherchés doivent se trouver sur cette courbe de contact _ 2° de ceux qu'on peut mener par un autre point quelconque b, et qui forment une autre surface conique tangente suivant la courbe msnr, laquelle contient aussi les points de contact cherchés _ Donc ces points son

aux points de rencontre (m) et (n) de ces deux courbes. (Exercices).

On peut mener un plan tangent perpendiculaire à une droite donnée, ... &c.

Surfaces réglées.

17. Construire le lieu géométrique de toutes les positions que peut prendre une droite qui se meut sur deux autres droites fixes, en restant parallèle au plan de projection.

Données: les droites fixes (22.6) et (26.8) qui sont les directrices, et le plan de projection qui est le plan de parallélisme — La droite mobile est la génératrice.

Les droites (8.8) et (22.22) représentent deux positions de la génératrice — Divisez l'espace compris entre les deux points (8) et (22) sur chaque directrice, en un même nombre de parties égales, et joignez les points correspondants par des droites: vous aurez des droites parallèles au plan de projection et, par conséquent, des positions de la génératrice — L'ensemble de toutes ces positions forme un lieu géométrique qui porte le nom de surface réglée, c'est-à-dire, de surface engendrée par une droite, ou sur laquelle on peut appliquer une droite dans une infinité de positions, mais non à la manière de la surface plane — Ce rapport dans la génération a fait aussi donner aux surfaces réglées le nom de plan gauche — La figure (a) représente une portion de plan gauche limitée par deux génératrices (4.4) et (22.22) — La courbe m n p tangente à toutes les génératrices, forme le contour horizontal de la surface ......

Voici un autre exemple (fig. b) de ce genre de surfaces; exemple dans lequel le plan de parallélisme est quelconque.

Fig (c). C'est la surface (b) représentée par une suite de sections horizontales et équidistantes. ces sections la définissent très-bien, et font image — Les deux courbes cotées 16 dans les figures (b) et (c) se correspondent — Rien ne serait plus facile que de faire des élévations de cette surface (Exercices).

Les plans gauches ont des propriétés remarquables qui ne peuvent être exposées ici. Ils ont, entre autres, celle de ne pouvoir être coupés par un plan que suivant une parabole ou une hyperbole. Les sections de la fig. (c) sont des paraboles. C'est à cause de cette propriété qu'on les appelle le plus ordinairement paraboloïde hyperbolique.

Les plans gauches sont des surfaces de raccordement que l'on rencontre assez fréquemment dans les charpentes des toitures, et dans la coupe des pierres.

18. Construire le lieu géométrique de toutes les positions que peut prendre une droite qui se meut sur trois autres droites fixes.

Données. Les trois droites fixes (12.23), (35.23), (0.40), ou (αα), (bb), (cc) qui sont les directrices de la génératrice (droite mobile)

Par la directrice (αα) et un point (23) de la directrice (bb) imaginez le plan (23.23.12) — Cherchez le point (18) où la directrice (cc) perce ce plan auxiliaire — La droite (23.18.12) est une des positions de la génératrice, car elle s'appuie sur les trois droites données. On peut, en répétant ces opérations, en obtenir autant d'autres qu'on voudra.

La figure (d) représente le lieu géométrique ou la nouvelle surface réglée qui est l'ensemble de toutes les positions de la génératrice — La figure (d') représente une élévation de cette même surface — Dans le plan (d), le contour horizontal est une hyperbole — Dans l'élévation (d') le contour vertical est une ellipse — Cette propriété, qui consiste à ne présenter pour contour qu'une ellipse ou une hyperbole, est particulière à ce genre de surfaces. Elle leur a fait donner le nom d'hyperboloïdes — elliptiques.

Nous donnerons encore un exemple pris parmi les surfaces réglées. Il est indispensable dans la pratique des levers de bâtiments et de machines.

Faisons remarquer, en passant, que les surfaces coniques et cylindriques sont des surfaces réglées........

19. Construire le lieu géométrique de toutes les positions que peut prendre une droite qui se meut sur une hélice cylindrique, en restant perpendiculaire à l'axe du cylindre.

1° Partie de la droite comprise entre l'axe (20.20) et l'hélice directrice (abcdefghk m.n.o) —— Les points a, b, c, d, ..., dont il est facile d'obtenir les cotes, s'avancent tous d'une même quantité dans le sens de l'axe. Il ne reste qu'à abaisser des perpendiculaires à l'axe, pour avoir le lieu de toutes les positions de la génératrice ax, lieu qu'on appelle surface héliçoïdale droite, parce que sa directrice est une hélice, et que la génératrice est perpendiculaire à l'axe. Qu'on suppose le plan de projection vertical, et l'on reconnaîtra tout aussitôt, dans cette surface, celle du dessous des escaliers.

On peut aussi la représenter par l'ensemble des hélices qu'engendrent les différents points de la génératrice dans son double mouvement de rotation autour de l'axe et de translation suivant l'axe : voyez la fig. (e).

2° *Droite prolongée au delà de l'axe de l'hélice directrice*.

Alors la surface a deux nappes qui se trouvent réunies ou soudées suivant l'axe xx (fig f) — Leur ensemble représente le dessous d'un *escalier double*....... La figure s'explique assez d'elle-même.

Qu'on suppose la génératrice indéfiniment prolongée dans ses deux sens, et l'on aura une surface hélicoïdale indéfiniment prolongée.......

Dans les escaliers construits dans le genre de cette surface, l'axe linéaire xx est remplacé souvent par un cylindre plein, d'un rayon plus ou moins grand, selon le but qu'on se propose — Voyez la figure (g).

L'hélicoïde droit est un corps terminé par deux surfaces hélicoïdales droites, parallèles et de même axe, et par un cylindre droit aussi de même axe — L'hélicoïde peut avoir une seule nappe, comme fig (h); ou deux nappes, comme fig (K) — Il peut être à une spire, comme dans les figures (h) et (K), ou à plusieurs spires — Ses dimensions sont données par celles du rectangle abcd, et par le pas de l'une des hélices; ab, *rayon* de l'hélicoïde droit; ad, son *épaisseur* (*); aK sa *hauteur*.

Lorsque l'axe est remplacé par un cylindre solide, on a un *hélicoïde à noyau* (fig m) — Lorsque ce cylindre est enlevé, on a un *hélicoïde à jour* (n) — On rencontre ces formes dans les *escaliers à noyau et dans les escaliers à*

(*) C'est une convention, car il faudrait, à la rigueur, prendre cette dimension avec un compas courbe dit *compas d'épaisseur*. La plus petite *ouverture* du compas serait l'épaisseur du corps, d'après l'idée générale qu'on a du mot *dimension*.

jour, qui ne sont autre chose que des héliçoïdes en pierre, dans lesquels on a taillé des gradins ou des marches — Un escalier en pierre n'est donc qu'un héliçoïde à gradins plans (fig O).

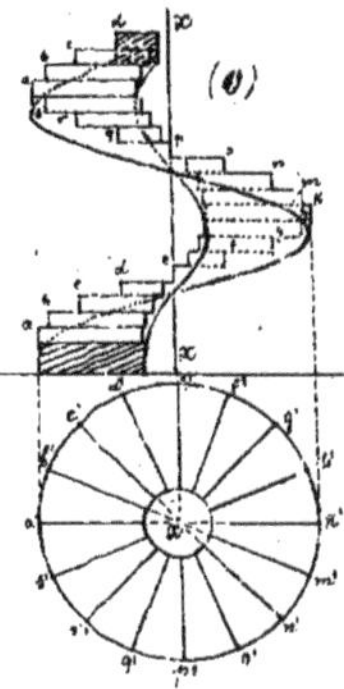

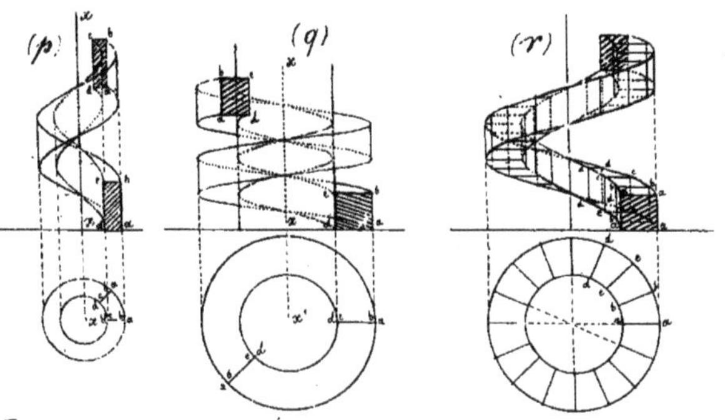

Les limons des escaliers à jour, en bois ou en pierre, sont aussi des héliçoïdes de la même espèce — Fig.(p).

Les filets de la vis en fer, dites vis carrée, sont des corps de la même espèce — Fig (q).

Il est presque inutile de faire remarquer que l'on obtiendrait immédiatement ces formes, en fesant mouvoir en hélice une figure plane ou profil (a.a.a.a.) — Fig.(r).

20. Construire le lieu géométrique de toutes les positions que peut prendre une droite qui se meut sur une hélice cylindrique en fesant toujours le même angle avec l'axe du cylindre.

1° Partie de la droite comprise entre l'axe (25.25) et l'hélice directrice (abcdef....) — ax et a'x' deux positions de la génératrice distantes d'une révolution — L'angle axy est l'angle constant que la génératrice fait avec l'axe. Les droites ax et a'x' sont parallèles, et les droites aa' et xx' sont égales entre elles — a, b, c, d, ... points de l'hélice qui s'élèvent tous de la même quantité d'un 16e du pas de l'hélice — Si la partie x.x' de l'axe est divisé en 16 parties égales, et si l'on joint deux à deux les points de division correspondants, on aura autant de positions différentes de la génératrice.

La fig (a) représente la surface reglée lieu geométrique de toutes ces positions. C'est une surface héliçoïdale oblique.

On pourrait aussi (fig b) la représenter par l'ensemble des hélices décrites par les différents points de la génératrice dans son mouvement en hélice.

2° Droite mobile prolongée au-delà de l'axe de l'hélice directrice — Alors la surface héliçoïdale se compose de deux nappes, l'une montante et l'autre descendante, qui se rencontrent suivant une hélice dite arête de rebroussement. Les points de cette arête proviennent des rencontres des génératrices, qui, après une demi-révolution, reviennent dans un même plan (fig c)...... — Les nappes sont limitées ou illimitées selon que la génératrice s'arrête à l'hélice directrice, ou qu'elle la dépasse.

On doit avoir reconnu déjà dans cette surface, la forme de celle qui termine les filets des grosses vis en bois des pressoirs, et de certaines vis en fer...... La surface de la vis triangulaire, limitée entre deux cylindres droits de même axe, est une bande héliçoïdale (fig d) — Deux bandes héliçoïdales ayant même hélice directrice (fig e), et engendrées par deux droites ax et ax, qui rencontrent l'axe sous le même angle, l'une en montant, l'autre en descendant, comprennent entre elles et le cylindre noyau le filet de la vis triangulaire...... On peut aussi, comme pour la vis carrée, faire mouvoir en hélice un profil générateur abc (fig f) ....

(g)

L'héliçoïde oblique est un corps terminé par deux surfaces héliçoïdales parallèles, obliques et de même axe, et par un cylindre droit, aussi de même axe...... fig. (g) — L'héliçoïde oblique peut présenter toutes les particularités qu'on a remarquées dans l'héliçoïde droit......

Le filet d'une vis triangulaire est aussi un héliçoïde, mais d'une espèce particulière.........

On appelle écrou, un héliçoïde en creux, carré ou triangulaire, capable de recevoir le filet saillant d'une vis carrée ou triangulaire...... Fig. (h) écrou d'une vis carrée — Fig. (K) écrou d'une vis triangulaire — Quant aux coupes horizontales et aux coupes verticales qui accompagnent ces figures, on les obtient immédiatement en traçant sur les surfaces des vis leurs génératrices rectilignes..........

(h)

Coupe verticale suivant l'axe.

Vis et écrou réunis.

Coupe de l'écrou isolé

(K)

Coupe verticale suivant l'axe.

Vis et écrou réunis.

Coupe de l'écrou isolé.

La vis est une machine simple qu'on emploie fréquemment. Si l'écrou est fixe, la vis produit l'effet qui résulte du mouvement qu'on lui imprime. — Si la vis est fixe (dans le sens de son axe), l'écrou se meut et transmet l'effet qui résulte du mouvement imprimé à la vis.........

Surfaces non définissables.

Les surfaces définissables sont celles qui, comme les surfaces de révolution et les surfaces réglées, ont leurs points soumis à une même loi de formation et de représentation rigoureuse. Leur représentation et les diverses questions qu'on peut se proposer sur ces grandeurs, en ne faisant usage que d'un seul plan de projection et de cotes de distance, présentent assez de simplicité, comme on a pu s'en assurer par ce qui précède. Il n'en serait pas toujours ainsi, si l'on voulait traiter toute la géométrie descriptive de la même manière. Les cotes trop multipliées, dans un grand nombre de cas, conduiraient à des images et à des opérations confuses. On préfère donc recourir à la méthode des deux projections. Cette méthode est traitée avec beaucoup de détails dans un atlas qui a pour titre : *Notes et croquis de géométrie descriptive* (*) ; on y trouve aussi de nombreuses applications.

On appelle *surfaces non définissables*, celles qui terminent des corps dont la formation est due, en général, aux actions simultanées de certaines lois physiques, au hasard, en quelque sorte. Ces surfaces, dont les points sont placés d'une manière tout-à-fait arbitraire les uns par rapport aux autres, ne sauraient donc être définies ni, par conséquent, représentées rigoureusement. Telles sont, par exemple, les formes du terrain, dont les éléments, soumis aux lois de la pesanteur, de l'aggrégation, de l'écoulement des eaux, ... s'unissent et se terminent suivant des surfaces qui ne sont pas susceptibles de définitions géométriques. Toutefois ces masses peuvent être représentées, sinon rigoureusement, comme le cône, le cylindre, la sphère, ... du moins avec une approximation qui n'a de bornes, pour ainsi dire, que la volonté

(*) A Metz, chez Thiel, libraire — A Paris, chez Mathias, libraire, quai Malaquais.

du dessinateur, et que la nature des instruments qu'il emploie. C'est aux formes du terrain, que la représentation à l'aide des cotes de distance s'applique avec tous ses avantages. C'est encore à certaines formes des arts de construction, et notamment à celles de la fortification, dont le relief est très-faible par rapport à son développement, qu'elle s'applique à l'exclusion de toute autre.........

21. Un corps non définissable étant donné, le représenter approximativement.

(A)

1° Par des sections horizontales équidistantes. Soit le caillou (A): placez-le sur un plan et fixez-le de position.. Disposez une tige verticale à pointe, qui puisse se mouvoir librement dans le sens horizontal, en faisant décrire à sa pointe une courbe horizontale quelconque — Appliquez la pointe sur la surface du caillou (A), au point a, par exemple, et fixez sa longueur — Promenez cette pointe sur la surface: elle tracera, par son frottement doux, une courbe horizontale abcde.... Allongez la tige de 5 millimètres, par exemple; recommencez l'opération, et vous aurez une autre courbe horizontale a'b'c'd'e'.... ainsi de suite — Cotez ces différentes courbes (fig B) et la surface se trouvera décomposée en zônes courbes, dont l'ensemble la représentera avec d'autant plus d'exactitude, que leur nombre sera plus grand — L'exactitude n'a donc d'autres bornes que la possibilité de tracer plus ou moins de courbes — Pour plus de simplicité, on a supprimé la partie cachée du corps.

(B)

Rien de plus simple que d'avoir, par le calcul ou graphiquement, la cote d'un point x dont la projection se trouve entre deux courbes consécutives.......

Certains points, tels que y, z, v, (fig c et d), situés entre des courbes dont les courbures sont opposées, présentent un peu d'incertitude dans dans leur détermination. Cet inconvénient est inévitable. Au reste, l'incertitude est toujours comprise entre des limites assez resserrées......

2° A l'aide de sections verticales. A la place de la tige précédente, imaginez-en une autre qui puisse se mouvoir dans un plan vertical, tout en s'allongeant ou se raccourcissant à volonté. — Appliquez sa pointe sur la surface du corps (A) (vu en plan), et faites-la mouvoir : la pointe tracera une courbe abcde (fig A) que l'élévation (A') montre dans sa vraie grandeur a'b'c'd'e'. — Éloignez ou avancez le plan du mouvement, et tracez une nouvelle courbe...... &c. — L'ensemble de ces courbes, qui sont autant de profils verticaux, représentera la surface du corps. — On a supprimé aussi les parties cachées......

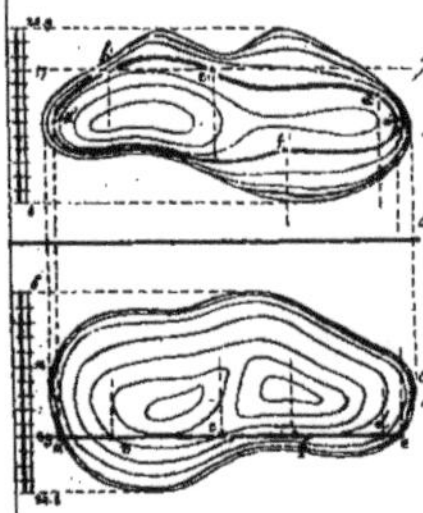

Presque toujours, les plans des courbes, horizontaux ou verticaux, sont équidistants entre eux.

3° On pourrait faire des sections parallèles, mais quelconques. — Ce moyen, trop compliqué, n'est pas usité.

Application. Substituez au caillou (A) un terrain de forme très-variée. Tracez sur sa surface, à l'aide d'un instrument qu'on nomme niveau, une suite de courbes de niveau ou horizontales, et équidistantes entre elles. Levez ces courbes avec la planchette, le graphomètre ou la boussole, et le mètre ou ses multiples,[*] et construisez-les sur le papier suivant un rapport déterminé qu'on nomme échelle. — L'ensemble de ces courbes, convenablement rapprochées, définit complètement les plus petits détails des formes ondulées du terrain. Et comme le terrain n'a jamais de parties qui se recouvrent, tout y est vu. — Les détails cachés, comme excavations, conduits souterrains...., sont considérés séparément, et dessinés à plus grande échelle.........

Le dessin (A), page 105, représente une certaine étendue de terrain, à l'échelle du cinq-millième (0m.001 pour 5m)

[*] Quadruple mètre et décamètre ou chaîne métrique.

Plan d'un terrain représenté par une suite de sections horizontales, et équidistantes de 5m. 00.

(A)

Échelle des équidistances des plans verticaux

Représentation par une suite de sections verticales, et équidistantes de 25m. 00.

(B)

Échelle de l'équidistance des plans horizontaux

Le plan de comparaison est pris au niveau de l'eau qui baigne une des limites de ce terrain. Le point culminant S est élevé de 187m. 20. Les courbes horizontales sont équidistantes de 5m. On distingue tout d'abord sur le terrain 1° le petit vallon dans lequel coule le ruisseau encaissé PQRT, celui de son affluent VU, et quelques autres filets d'eau. 2° la route XYZ, qui s'élève par une pente assez douce du point le plus bas jusqu'au petit plateau situé à 187m de hauteur ; elle est plantée d'arbres dans la partie VZ. 3° les rochers qui soutiennent les terres du côté de l'eau, et ceux qui se rencontrent épars sur le terrain

Comme on a pour objet unique ici de montrer la forme du terrain, on a dû la dégager de tous les détails que le topographe étudie et représente avec soin.

Au lieu des courbes horizontales de la figure (A), supposez sur la surface de ce terrain des *courbes verticales*, si l'on peut s'exprimer ainsi, provenant de profils verticaux et équidistants que le *niveau* permet d'exécuter. Supposez ces courbes levées et dessinées au 5000ème, et vous aurez la représentation que donne la fig. (B). Ce moyen, qui n'est ni impraticable sur le terrain, ni tout-à-fait défectueux comme représentation, n'a pas la propriété de montrer tout à la fois. Le plus souvent, au contraire, il y a des parties qui se superposent les unes aux autres, et par suite, des parties cachées qu'on ne peut espérer conserver sans confusion par le secours des lignes ponctuées. Si, à la rigueur, la partie cachée XY du chemin XYZ peut être conservée, il n'en est plus ainsi du ruisseau PQRT et du vallon dans lequel il coule. Cet exemple suffit pour faire ressortir l'inconvénient qu'on vient de signaler. Au reste, ce moyen de représentation ne peut s'appliquer qu'à un terrain de peu d'étendue.

Le dessin (B) a été déduit du plan coté (A) ainsi qu'on le verra tout-à-l'heure. Le *contour vertical* abcdefghik de la montagne principale, sur laquelle se trouve le *signal* S, est le résultat du travail graphique; ce contour est une courbe tangente à toutes les courbes verticales. La montagne S, qui est vue presque entièrement, cache le terrain que la partie XY du chemin XYZ parcourt. La partie YZ suit le contour xyz, et est vue comme lui. Un autre contour stu cache la partie PQ du ruisseau PQRT......

Tout le terrain est compris entre deux plans verticaux ABCDEF et HIKLMNO parallèles, à la distance de 500m. Le premier donne la courbe cotée zéro, et le second la courbe cotée 500. Entre eux se trouvent les autres courbes équidistantes entre elles, et des deux plans extrêmes. De sorte que l'équidistance entre ces plans est de 25m. — Ces cotes expriment des *profondeurs*, comme celles du plan (A) expriment des *hauteurs*.

On peut trouver la *profondeur* d'un point tout aussi facilement qu'on a su trouver sa *hauteur*, sa projection étant donnée entre deux courbes consécutives ....

On remarquera que si les courbes horizontales du dessin (A) peuvent être *fermées*, comme cela a lieu vers le sommet de la montagne S, à partir de la courbe (110), il n'en est plus de même pour les courbes verticales du dessin (B) qui sont nécessairement ouvertes........

Le plan coté (A) est un *dessin de construction*, une véritable *épure*; car on peut s'en servir pour *exécuter en relief*, c'est-à-dire, pour *modeler* en cire ou en terre le terrain donné.... L'élévation cotée (B), qui ne représente que les parties vues, ne pourrait pas servir au même objet........

Dans le plan (A), le relief se compose de couches horizontales de un millimètre d'épaisseur, juxtaposées les unes sur les autres; dans l'élévation (B), il se compose de couches verticales, de cinq millimètres d'épaisseur, juxtaposées les unes derrière les autres...... — Le plan antérieur ou celui de la courbe verticale cotée zéro, montre la nature de la masse coupée, qui pourrait être homogène ou composée de couches de matières différentes et superposées...... — Le plan postérieur ou celui de la courbe cotée 500, est en partie vu et en partie caché......

Les différentes couches qui constituent la nature intérieure du terrain s'indiquent beaucoup mieux en plan qu'en élévation. C'est ainsi que, dans les projets de fortification, on se donne non seulement la forme extérieure du terrain par des sections horizontales, mais encore sa nature à différentes profondeurs, à l'aide de courbes tracées avec des encres de couleur. Ainsi une couche d'argile serait déterminée par des courbes bleues une couche de roches par une courbe rouge.....

22. Un terrain nivelé et coté étant donné, en faire une élévation sur un plan vertical donné.

La projection cotée (A) est donnée, et c'est sur un plan parallèle au plan vertical **HIKL**..... qu'on se propose de faire l'élévation demandée, laquelle consiste 1°, dans la construction du contour vertical de chacune des parties de la surface du terrain ; 2° dans la détermination des détails, tels que routes, ruisseaux..... qui sont sur cette surface.

Contours verticaux. — Après avoir tracé l'échelle de l'équidistance des plans horizontaux, menez perpendiculairement à la trace du plan vertical **HO**, des tangentes aux courbes horizontales, partout où cela est possible ; marquez les points de contact, reportez ces points en élévation à l'aide de l'échelle d'équidistance, et joignez-les en plan et en élévation par une courbe continue..... Toutes les courbes ainsi obtenues, sont autant de contours, dont l'ensemble limite le terrain dans le sens vertical. — On voit sur le plan (A) la courbe xxy qui provient des tangentes menées aux courbes (120), (130) et (140). Ce contour en roche un autre x'x'y', qui répond à la partie arrondie que forment les extrémités des courbes (90), (100), (110), (120), (130) et (140). — C'est de la même manière qu'on a déterminé le contour abcde...m de la montagne S, et les petits contours stu, nop et qr. —

Détails. Quant aux ruisseaux, routes, rochers, ... rien de plus facile, après ce qui précède, que de les mettre en élévation. Tous ces détails produisent l'élévation (C) qui est limitée comme celle du dessin (B). — Seulement le plan extérieur désigne un terrain composé de différents bancs de roches. — C'est ainsi que les géologues ont recours aux coupes pour représenter les diverses formations, que l'intérieur de la terre renferme....

On peut varier à volonté les vues géométriques d'un même terrain, et le faire voir sous toutes ses faces..... (Exercices).

93. *Un terrain nivelé et coté étant donné, le couper par un plan.*

1° *Coupe horizontale.* — On conçoit qu'il ne peut être question que d'un plan coupant compris entre deux sections horizontales consécutives. — Cette intercalation d'une courbe horizontale entre deux autres données, à laquelle on a assez souvent besoin de recourir dans le tracé des lignes de plus grande pente, est une opération très-simple. Soient les deux courbes acegi et bdfhk: menez-leur, de distance en distance, des normales communes ab, cd, ef, gh, ik; marquez leurs points milieux m, n, o, p, q, ... et joignez-les par une courbe continue mnopq. — Cette courbe diffère très-peu de celle qu'on aurait pu construire directement sur le terrain. — Cette opération est basée sur ce qu'on peut, sans erreur sensible, regarder comme uniforme la pente du terrain suivant une perpendiculaire commune à deux courbes consécutives ....

2° *Coupe verticale*. — Point de plus simple. Voyez le plan (a), et l'élévation (a') qui montre dans sa vraie grandeur la section faite par le plan vertical xy. — Voyez, de plus, les figures (A) et (B) de la page 108. La figure (B) a été déduite de la projection cotée (A) par une suite de sections verticales équidistantes. — La construction est indiquée pour le plan (250) .... — Les coupes verticales servent à déterminer la forme du terrain, dans le sens vertical, suivant une direction quelconque......

3° *Coupe oblique*, par le plan donné (P). Tracez sur le plan (P) les horizontales de même cote que celles qui définissent la surface du terrain. Marquez les points de rencontre des horizontales (droites et courbes) de même cote, et joignez-les par une courbe continue abcde. Cette courbe est la section demandée.

Application. — Dans certains travaux de construction, par exemple, dans des remuements de terre (déblais ou remblais), on a souvent à considérer des parties de terrain enlevées par des plans et limitées par d'autres plans.

La figure ci à côté représente une surface courbe (S) rencontrée par un talus (P) au-dessus duquel les terres sont enlevées, dans l'étendue limitée par les deux murs verticaux AB et BC. Il serait facile, avec les données de la figure, de calculer le *volume enlevé*.

Souvent on laisse, dans l'excavation des terres, de petites masses coniques tronquées qui reposent par leur base inférieure sur le plan coupant, et dont la base supérieure appartient à la surface primitive du terrain. Ces *témoins* t, t', t'', t'''.... c'est ainsi qu'on les appelle, serviraient pour établir un calcul approximatif du déblai compris entre le plan coupant et la surface dont la forme est conservée par les témoins t, t', t'', t'''......

24. Deux surfaces courbes étant données, trouver leur courbe de rencontre.

Cette courbe (0. 5. 10. 15. 20. 25. 30.....) se trouve immédiatement par la considération des sections horizontales de même cote. Ces courbes, situées deux à deux dans un même plan, se rencontrent en des points qui appartiennent aux deux surfaces.... (Voyez la figure.)

25. Une surface étant donnée par ses courbes horizontales, la représenter par l'ensemble des lignes de plus grande pente interceptées par ces courbes.

Ce mode de représentation est très-usité. Il est essentiel de remarquer qu'il n'a de valeur, comme description géométrique, que celle qu'il tire des horizontales sur lesquelles les lignes de plus grande pente s'appuient. Alors ne vaudrait-il pas mieux s'en tenir aux horizontales?......

On a déjà dit que l'écartement des lignes de plus grande pente doit varier avec leur longueur, afin qu'elles produisent un effet qui soit jusqu'à un certain point en rapport avec la rapidité plus ou moins grande des pentes sur lesquelles on les suppose tracées. Parmi les moyens en usage, il en est un fort simple : il consiste à former sur chaque zône une suite de carrés consécutifs, et à inscrire trois lignes de pente dans chacun d'eux. L'écartement des lignes de pente dépendra alors de la grandeur des carrés, qui dépend elle-même de l'écartement des courbes.

Ce n'est pas ici le lieu d'examiner les difficultés qui tiennent à la représentation des formes du terrain par des lignes de plus grande pente. On se contente, pour donner une idée de cette méthode, de renvoyer aux exemples suivants :

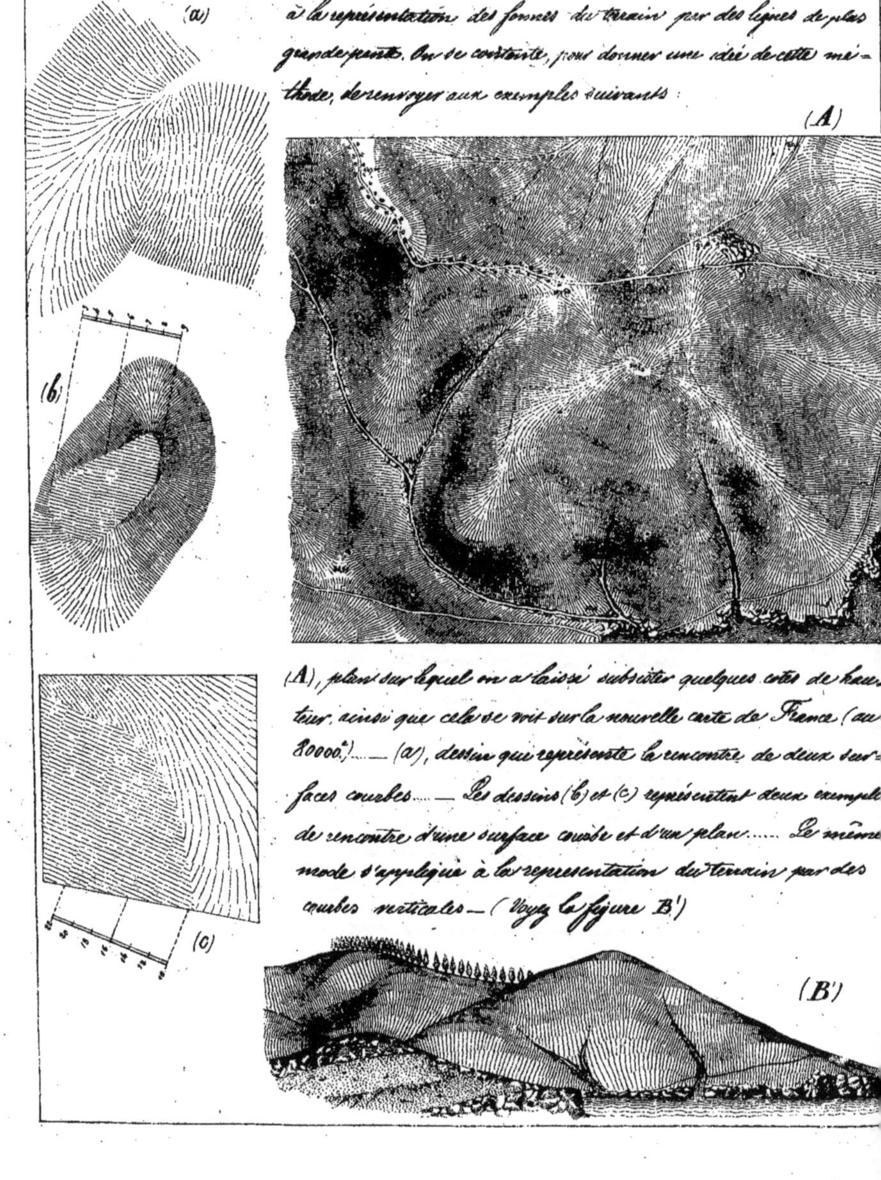

(A), plan sur lequel on a laissé subsister quelques cotes de hauteur, ainsi que cela se voit sur la nouvelle carte de France (au 80000e.) — (a), dessin qui représente la rencontre de deux surfaces courbes..... — Les dessins (b) et (c) représentent deux exemples de rencontre d'une surface courbe et d'un plan...... Le même mode s'applique à la représentation du terrain par des courbes verticales — (Voyez la figure B')

Les lignes de plus grande pente sont remplacées par des lignes de plus grande inclinaison sur le plan vertical de l'élévation. L'effet produit par ces lignes est l'inverse de celui que présente le plan (A). Cela doit être, car ce sont les pentes les plus douces qui sont les plus inclinées sur le plan vertical. Tout, sur le plan (A), se rapporte au plan horizontal, tandis que tout, dans l'élévation (C) se rapporte au plan vertical. Si l'on voulait mettre en projection verticale les lignes de pente du plan (A), et les y conserver, ce rapport n'existerait plus. Au reste, les ruisseaux (B, page 105) qu'on voit descendre suivant des lignes de plus grande pente, donnent une idée du résultat auquel conduirait cette opération.........

Enfin, comme objet de comparaison, la figure ci-dessous (C') donne l'élévation, ou plutôt la vue (C, page) dessinée à l'effet avec les moyens ordinaires du dessin d'imitation. Déjà, dans les dessins (C), on avait eu recours au trait senti pour produire un peu d'effet perspectif. Le trait senti consiste à tenir compte de l'éloignement des objets, dans la fixation de la grosseur du trait des contours. Ce moyen, fort simple d'ailleurs, produit beaucoup d'effet dans le dessin au trait.

On complète l'effet par un moyen de convention qui supplée jusqu'à un certain point à l'absence de l'ombre et de la lumière. On convient 1° de mettre un trait de force sur les faces qui ne sont pas éclairées; 2° d'admettre que tous les corps représentés en plan sont éclairés par des rayons lumineux parallèles venant de gauche à droite et de l'arrière au devant du dessinateur — Cela étant, on reconnaît immédiatement à la simple vue d'un plan coté, les faces qui reçoivent la lumière, et celles qui ne la reçoivent pas — Exemples :

Soit le cylindre vertical (A) ; les faces ab et bc sont celles qui doivent recevoir le trait de force — Sur le cylindre vertical (B), c'est le demi cercle abc qui doit être tracé fort......

Le contraire a lieu dans les formes en creux — Voyez le prisme et le cylindre creux abcd des figures (C).

D'où il résulte qu'à la manière dont les lignes fortes et les lignes fines d'un dessin sont disposées, on reconnaît si une partie est en relief ou en creux par rapport à une autre.........

On fait continuellement usage de ce moyen conventionnel dans les dessins de bâtiments et de machines, dans les plans, dans les élévations et dans les coupes. Elles relèvent un dessin comme on dit en terme d'art — Exemples divers — Fig. (C), (D), (E), pavillon d'habitation.

Plan du rez-de-chaussée. (C) (1/250)

Élévation. (D)

(E) Coupe suivant AB.

Assemblage à tenon et mortaise

Élévation perspective d'une table en bois.

(A), pièce verticale (poinçon)
(B), pièce oblique. (arbalétrier)

(B), (B') (B'') (B'''), faces de la pièce (B) — Elles sont le résultat de trois rabattements successifs exécutés autour d'une arête supposée parallèle au plan de projection — De ces quatre projections, trois suffisent (B), (B') et (B'') pour définir complètement le tenon — Avec ces données, et celles des figures (A) et (A'), on peut exécuter séparément le tenon et la mortaise, et former avec les deux parties le relief de l'assemblage (A) (B).

26. Le plan coté d'un terrain étant donné, tracer sur sa surface une hélice qui parte d'un point donné.

L'hélice, on le sait, est une courbe dont l'élément a une inclinaison constante sur le plan de projection, 1/4 par exemple — Soit P le point de départ, pris sur la courbe (6) — Il faut arriver de la courbe (5) à la courbe (8) suivant une ligne inclinée à 1/4. Il suffit donc de choisir un point d'arrivée a tel, que la distance horizontale Pa soit de 8 millimètres ; puis un point b tel que ab soit encore de 8 millim.... et ainsi de suite — La courbe continue Pabcd.... qui unit tous ces points, est une hélice à base quelconque ; en effet, que l'on développe le cylindre vertical dont la projection Pabcd.... est la base, et la courbe en relief se transformera en une droite — Si rien n'impose la condition d'éviter les points de rebroussement, et si rien n'indique le sens dans lequel la courbe doit se diriger, la question est susceptible d'une infinité de solutions. Car on peut, d'un même point (P) faire partir deux hélices de même inclinaison, et l'on peut en faire autant au point d'arrivée sur chaque courbe horizontale. Il faut, au reste, pour que la courbe ne cesse pas au bout d'une certaine étendue, que l'ouverture du compas ab, bc.... ne soit pas moindre que la plus courte distance de deux courbes — Au reste, ce tracé ne donne qu'un résultat approché, puisque la représentation de la surface n'est elle-même qu'un résultat approché.

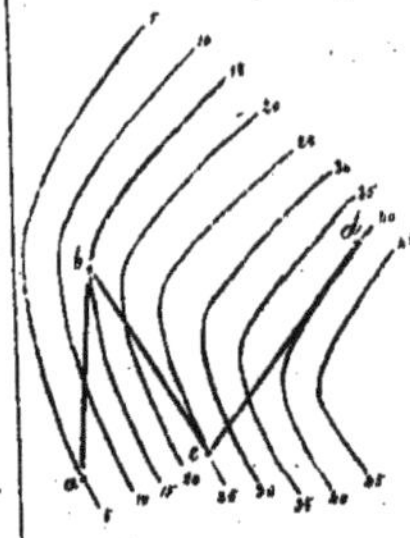

Le tracé des routes, des canaux d'irrigation, ... est une conséquence immédiate de la solution de la question précédente. Le plus souvent, les hélices des routes ne sont pas à pente constante ; seulement elles ont une limite supérieure (20/1) qu'elles ne dépassent pas. Les canaux d'irrigation ont, en général, une pente constante......

Dans les pentes rapides, on peut être obligé de recourir à des changements de direction qu'on nomme des <u>lacets</u>.... abcd est une route à lacets dont les côtés ab et bc sont à (20/1) ; le dernier côté à (25/1

27. <u>Le plan coté d'un terrain étant donné, lui mener un plan tangent.</u>

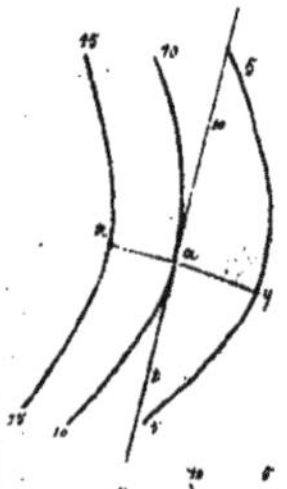

1° <u>Plan tangent par un point donné sur la surface</u> — Il ne faut pas oublier que les points du terrain, compris entre deux courbes consécutives, ne sont soumis à aucune loi, en un mot, que la représentation de la surface n'est qu'approchée. D'où il suit qu'on ne peut résoudre qu'approximativement toutes les questions qu'on peut se proposer sur ces surfaces. Si, sur le cône, le cylindre et les corps de révolution, les solutions ont été rigoureuses, c'est que les surfaces de ces corps sont susceptibles d'une définition géométrique.

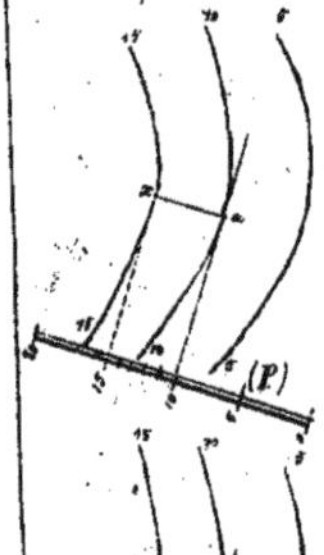

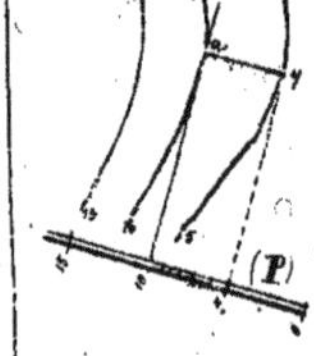

Le point donné peut se trouver sur une courbe ou entre deux courbes — 1° soit le point (a) sur la courbe (10) : le plan tangent contiendra la tangente at à cette courbe, et la tangente à une autre section faite par le point (a), par exemple, à la section verticale perpendiculaire à la droite at — On peut substituer à cette section la normale à la courbe (10), avec laquelle la section et, par suite, la tangente ont un petit élément commun. Mais prendra-t-on la normale ax ou la normale ay, car le point (a) appartient aussi bien à une zone qu'à l'autre ? De là, incertitude et défaut de rigueur. On a deux plans tangents, et, bien plus, une infinité de plans tangents car la pente de la normale change avec le nombre des courbes auxiliaires que l'on peut tracer entre les courbes (10) et (15), ou (10) et (5). On a le plan (P) ou le plan (P') ou tel autre plan qu'on voudra par l'intercallation de une ou de plusieurs courbes. — Si les courbes étaient infiniment rapprochées, il n'y aurait qu'une solution......

2° Soit le point (b) situé entre deux courbes. — on intercale la courbe (4,40), qui est la cote supposée du point (b), et l'on se retrouve dans le cas précédent........

En définitive, dans les applications, on tire parti de l'indétermination du plan tangent, pour choisir celui qui répond le mieux à l'objet qu'on a en vue. On en verra des exemples dans les projets de la fortification........

Remarque. Il est essentiel de faire remarquer que le plan tangent peut prendre plusieurs positions différentes par rapport à la surface, autour du point de contact, selon la forme de cette surface autour de ce point.

En un point donné, la surface peut présenter trois formes tranchées : — 1° La forme (A), convexe dans tous les sens. C'est ce qui a lieu, lorsque les courbes voisines du lieu de contact sont toutes convexes, et que leur écartement ne diminue pas en s'élevant, ou n'augmente pas en descendant. Dans ce cas là, le plan tangent (P) laisse tout le terrain au-dessous de lui, autour de l'élément de contact. A distance de cet élément, il est possible qu'il aille couper le terrain. — 2° La forme (B), concave dans tous les sens. C'est ce qui a lieu, lorsque les courbes voisines du lieu de contact sont toutes concaves dans le même sens, et que l'écartement des courbes n'augmente pas en montant, ou ne diminue pas en descendant. Dans ce cas là, le plan tangent (P) laisse tout le terrain au-dessus de lui, autour de l'élément de contact. — 3° La forme (C), en partie convexe et en partie concave ; c'est ce qui a lieu lorsque les courbes sont infléchies toutes dans le même sens de sorte que le terrain est lui-même infléchi suivant la ligne bacd qui joint les points les points d'inflexion des courbes. Dans ce cas là le plan tangent est d'un côté supérieur au terrain, tandis que de l'autre, il lui est inférieur. On peut concevoir d'autres formes à inflexion. Leur examen nous mènerait trop loin. Ce qui précède suffit pour montrer que le contact du plan sur les surfaces de terrain a des particularités qu'il faut connaître. On en aurait trouvé d'analogues dans les plans tangents aux surfaces réglées, autres que celles du cône et du cylindre, si cette étude avait été faite à la suite de la représentation de ces surfaces......

2° Plan tangent par un point extérieur.

Il y a, en général, une infinité de plans tangents possibles. L'ensemble de leurs points de contact forme une courbe qui est la directrice d'une surface conique tangente au terrain. De sorte 1° que toute génératrice de cette surface est une tangente au terrain menée par le point donné ; 2° que tout plan tangent à cette surface est tangent au terrain. Il faut trouver cette courbe de contact. Parmi les moyens qu'on peut employer, celui des sections planes est assez simple, si l'on a soin de choisir un système de plans faciles à représenter, et dont l'intersection avec la surface du terrain soit facile à construire. On choisit un système de plans passant tous par une horizontale menée par le point donné (120), et qui ont des échelles de pente parallèles. Les plans (P), (P'), (P'') seraient trois de ces plans. Chacun d'eux donne une section à laquelle on peut mener une ou plusieurs tangentes par le point (120). Ces tangentes seront autant de génératrices de la surface conique tangente, et les points de contacts seront autant de points de la courbe de contact de cette surface — Aux plans coupants qui passent par l'horizontale (120) on substitue quelquefois des plans verticaux —

Exemple.

On voit sur cette figure trois des plans coupants auxquels on a eu recours pour obtenir le résultat demandé.... Ce sont les plans NO, PQ et RT qui passent par l'horizontale du point donné (120) — L'un d'eux, le plan RT coupe la surface du terrain suivant la courbe abcd.....Kmn à laquelle on a pu mener par le point (120) neuf tangentes qui ont donné les neuf points de contact A, B, C, D, E, F, G, H, K — Ces points appartiennent aux courbes de contact de plusieurs cônes tangents; car le terrain donné a une forme telle qu'il est possible de lui mener cinq cônes tangents : — 1° le cône qui a pour courbe de contact la ligne A'AA'' qui est entièrement vue, parce que le cône laisse le terrain au-dessous de lui — 2° le cône qui a pour courbe de contact la ligne B'BB''E'B''. Le partie B'BB' de cette courbe, qui est cachée, répond à un contact intérieur; la partie B'B'' répond à un contact extérieur, tandis que la partie suivante B'B''' répond à un contact intérieur. B' et B'' points de passage — 3° le cône qui a pour courbe de contact la ligne CC'C''C'''. Ce cône laisse tout le terrain donné au-dessous de lui. Le point de contact le plus élevé de ce cône appartient à cette courbe........ 4° Le cône dont la courbe de contact est la ligne D'DD'D'' qui va se réunir aux points D' et D'' à la courbe de contact du troisième cône tangent. D'' point de passage — 5° le cône dont la courbe de contact est la ligne FFF'F''. Ce cône, comme le précédent, a un contact en partie extérieur et en partie intérieur. F point de passage.

On pourrait se proposer de construire directement le plan tangent dont le point de contact se trouverait sur une horizontale donnée. Il faudrait recourir à un lieu géométrique (Exercices).

Applications. Supposez au point (120) l'œil de l'observateur, la courbe de contact sera pour lui le contour apparent du terrain. Coupez le cône visuel par un plan vertical quelconque, et construisez la vraie grandeur de la section; cette courbe sera la perspective du terrain...... Les rencontres avec le terrain des cônes tangents suffisamment prolongés, donneraient les séparations des parties vues et des parties cachées..........

Supposez au point (120) un point lumineux; les courbes de contact seront autant de courbes de séparation d'ombre et de lumière, et les rencontres des cônes prolongés avec le terrain, seraient autant d'ombres portées........

3° Plan tangent parallèle à une droite donnée.

Mêmes observations préliminaires que pour le cas précédent.....

Le système des plans coupants se compose de plans parallèles entre eux, et ayant leur ligne de pente parallèle à la droite donnée; de sorte qu'on peut se servir de la même échelle de pente, dont on augmenterait ou diminuerait les cotes de la même distance verticale.... Exemple.

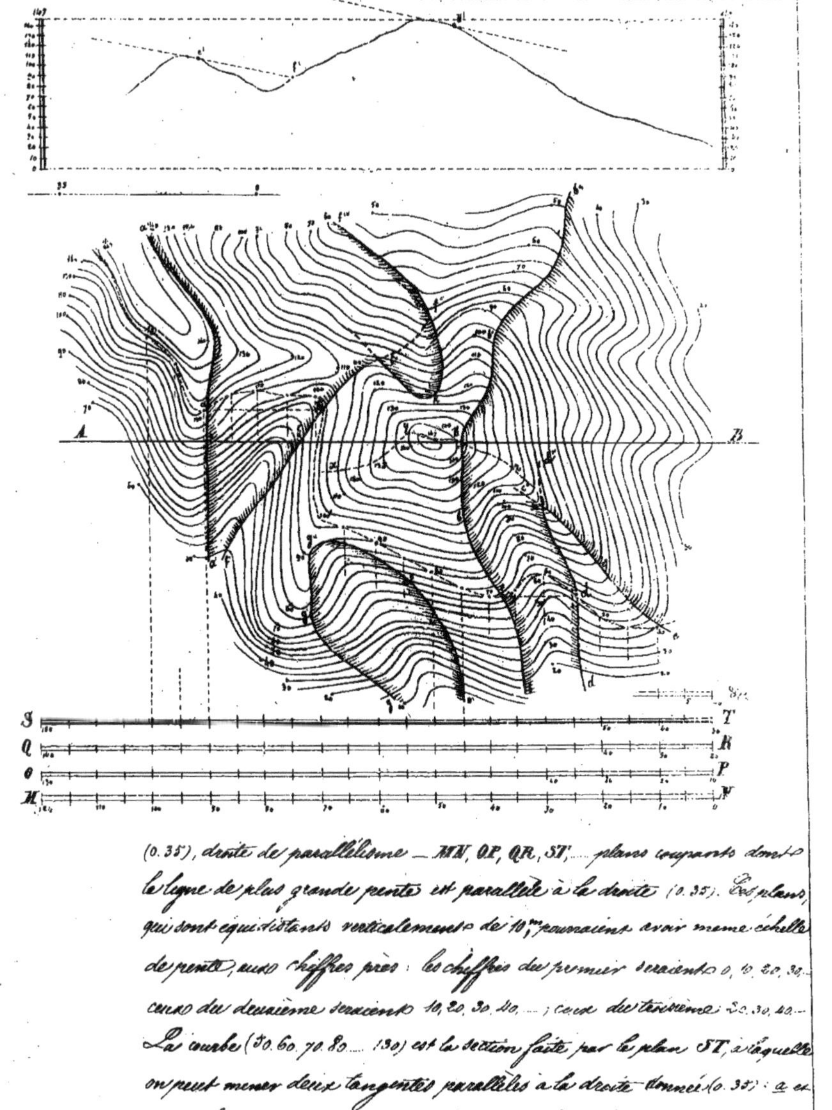

(0.35), droite de parallélisme — MN, OP, QR, ST, ... plans coupants dont la ligne de plus grande pente est parallèle à la droite (0.35). Ces plans, qui sont équidistants verticalement de 10^m, pourraient avoir même échelle de pente, aux chiffres près : les chiffres du premier seraient 0, 10, 20, 30...; ceux du deuxième seraient 10, 20, 30, 40, ...; ceux du troisième 20, 30, 40...
La courbe (50. 60. 70. 80 .... 130) est la section faite par le plan ST, à laquelle on peut mener deux tangentes parallèles à la droite donnée (0.35) : a et c sont leurs points de contact — b et d sont les points de rencontre de leurs

prolongements avec le terrain ...... &c.

En résumé, le résultat de toutes les sections consiste en plusieurs cylindres tangents : 1° le cylindre qui touche suivant la courbe a'aa, et qui étant prolongé, rencontre le terrain suivant la courbe f'f''f'''f''''. 2° le cylindre qui touche suivant la petite courbe f''k, et qui va rencontrer le terrain au-delà suivant la courbe kf''', laquelle va se réunir à la courbe ff'f''f'''f'''' au point f'''. 3° le cylindre qui touche suivant la courbe bb'Hb''b''', qui laisse tout le terrain au-dessous de lui, moins une partie qu'il rencontre suivant la courbe d'dd''. Le point le plus haut H appartient à cette courbe ; on peut l'obtenir directement en construisant la courbe de contact xyz d'un cylindre horizontal, perpendiculaire à la droite (o. 35) et tangent au terrain, et en menant à cette courbe une tangente parallèle à la droite (o. 35). 4° le cylindre qui touche suivant la courbe cc'c'', cette courbe va rencontrer la courbe d'd'd'' en un point x, de sorte que la partie du terrain comprise entre le troisième et le quatrième cylindre, se trouve limitée. 5° le cylindre qui touche suivant la courbe gg'g'', et qui va rencontrer au-delà le terrain suivant la courbe gxo'.........

On pourrait substituer aux plans coupants qu'on vient d'employer, des plans verticaux parallèles à la droite (o. 35). Le profil AB en montre un exemple : on l'a fait pour donner une inclinaison convenable à la droite (o. 35) qui représente ci-dessous la direction d'un système de rayons lumineux parallèles.

Application. Supposez que la droite donnée représente la direction d'un système de rayons lumineux parallèles : les courbes de contact seront des séparations d'ombre et de lumière, et les rencontres des cylindres d'ombre avec le terrain seront des ombres portées sur le terrain lui-même.

Le dessin ci-dessous a été fait dans cette supposition ; c'est-à-dire qu'on y a tracé les courbes de contact et les rencontres des cylindres tangents avec le terrain. Mais pour éviter la confusion et conserver à l'épure toute la clarté géométrique, on a mis les amorces des ombres seulement sur les parties qui doivent en recevoir. D'ailleurs le dessin suivant supplée à ce qui peut manquer à celui-ci.

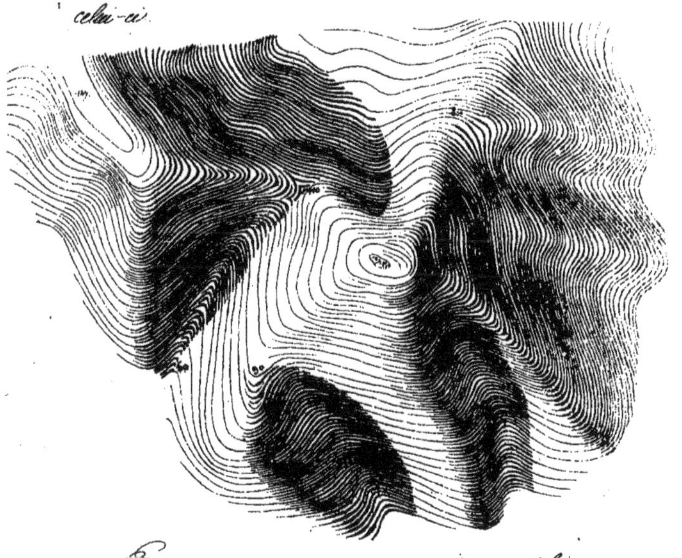

En recourant aux _demi-teintes_ qui lient par des dégradations insensibles les parties ombrées aux parties les plus éclairées, on a produit un _dessin à l'effet_ tout-à-fait analogue à ceux qu'on a exécutés précédemment pour le cône, le cylindre et les corps de révolution. Cette analogie est d'autant plus grande, que l'intercalation des courbes produit, comme pour ces corps, une représentation par des génératrices, qui revient à une véritable génération. En effet, les sections horizontales, ainsi rapprochées, forment une _génération_ en même temps qu'un _dessin d'imitation_.

On est dans l'usage, en topographie, d'éclairer les terrains qui sont représentés par leurs lignes de plus grande pente. Mais cet éclaire=

ment est entièrement de convention; parce qu'on veut éviter, dans la pratique, d'avoir à déterminer des séparations d'ombre et de lumière et des ombres portées. — On est convenu de se donner toujours des rayons de lumière inclinés à droite sur le plan horizontal; de sorte que les pentes qui, à l'exception des rochers et des arrachements, ne s'élèvent jamais à cette rapidité, se trouvent toutes éclairées; partant, point de séparations d'ombre et de lumière, et par conséquent point d'ombres portées. L'effet général ne résulte plus que de la manière dont les pentes sont éclairées les unes par rapport aux autres, c'est-à-dire, de l'inclinaison de la lumière sur chacune d'elles. Les rochers et les arrachements, dont les contours seuls sont levés rigoureusement, ont leurs formes générales dessinées par imitation. Cette représentation approchée du terrain suffit, lorsqu'on ne veut pas y recourir comme épure, mais seulement comme image. Au reste, on se contente de fixer à vue l'effet qu'il convient de produire sur telle ou telle partie du terrain; c'est autant un travail de goût que de raisonnement, pour lequel on doit être convenablement préparé par tout ce qui précède..... Quant à la direction des rayons lumineux, on est à peu-près libre. Toutefois on s'accorde généralement à faire venir la lumière suivant la ligne qui divise en deux parties égales l'angle supérieur de gauche du cadre..... (*)

4°. Plan tangent mené par une droite donnée.

Comme pour les surfaces de révolution, on a recours à deux cônes tangents, à sommets situés en deux points (a) et (b) de la droite (ab) — Les deux courbes de contact mor et pox se rencontrent en un ou plusieurs points qui sont les points de contact d'autant de plans tangents......

Autre méthode : Supposons construit le plan tangent qu'on demande : ce plan touchera la surface suivant un élément ab compris entre deux courbes voisines, et perpendiculaire à la fois à ces deux courbes. Il a donc la propriété de contenir aux contacts, deux tangentes parallèles at et bt qui sont en même temps deux de ses horizontales — Cela étant, divisez la droite donnée en parties égales qui soient cotées comme le sont les courbes du terrain ; menez respectivement par les points (2), (3), (4), (5), (6), ... des tangentes aux courbes cotées (2), (3), (4), (5), (6), ... — Dès que vous aurez rencontré deux tangentes consécutives parallèles, concluez-en que l'élément compris entre les deux courbes correspondantes appartient à un plan tangent. C'est ce qui a lieu ici pour les tangentes (5.5) et (6.6). L'élément ab donne immédiatement le plan (P), approximativement bien entendu......

Si cette circonstance se présente plusieurs fois, c'est que la forme du terrain sera telle, que plusieurs plans tangents seront possibles.......

Il est possible aussi qu'il n'y ait pas de plan tangent.... &a

Cette méthode peut être employée, comme auxiliaire, pour mener un plan tangent, par un point extérieur. En effet, on peut mener par ce point une droite, et faire passer par cette droite le plan ou les plans tangents qui sont possibles. Ces plans seront autant de solutions de la question proposée — En changeant la droite auxiliaire, on aura d'autres plans..... &a. (Exercices).

(*) Il existe un autre mode d'éclairement qui a ses partisans, c'est celui qui consiste à supposer une lumière verticale éclairant le terrain donné. Toutes les pentes sont alors dans la lumière ; Mais l'effet produit par chacune d'elles est différent, selon l'élévation plus ou moins grande de la pente, depuis zéro jusqu'à 45°. D'après cette supposition, on peut former un Diapason de teintes Correspondantes

3e Partie.

Applications de cette méthode de représentation au dessin de la fortification

Cette partie est traitée dans les leçons orales. ——

aux pentes, et trouver immédiatement par cette échelle la teinte qui convient à une pente donnée. Ce mode de représentation a pour lui d'être géométrique. —— La comparaison des différens moyens qu'on a proposés pour la représentation à l'effet des formes du terrain, nous mènerait trop loin.

Élévation

Plan

Les Plans et les Élévations, dans le dessin des Machines, sont éclairés comme l'est le terrain dans la supposition d'un système de rayons verticaux. La lumière arrive perpendiculairement au plan de projection; de sorte que les parties saillantes recouvrent entièrement les ombres qu'elles portent, et que les séparations d'ombre et de lumière sur les corps arrondis se réduisent aux contours de ces corps.

C'est ainsi que dans les dessins de machines de Leblanc, qui sont des modèles en ce genre, on ne trouve des effets de lumière que sur les corps ronds; ces effets se réduisent d'ailleurs à des demi-teintes qui s'arrêtent aux contours, et se dégradent à partir de ces contours vers le milieu. —— On explique dans les séances de dessin tout ce que ces énoncés, si concis, peuvent avoir d'incomplet ou d'obscur.

www.ingramcontent.com/pod-product-compliance
Ingram Content Group UK Ltd.
Pitfield, Milton Keynes, MK11 3LW, UK
UKHW022109190726
13855UKWH00002B/745